“十三五”机电工程实践系列规划教材

机电工程综合实训系列

数控系统 PLC 编程与实训教程（西门子）

总策划　郁汉琪

主　编　刘树青

副主编　吴金娇

参　编　陈荷燕　付肖燕　张　瑶

东南大学出版社

SOUTHEAST UNIVERSITY PRESS

·南京·

内 容 简 介

本书包括6个单元，以项目的形式，由浅入深、由简单到复杂，介绍西门子数控系统PLC的基本操作、典型功能及综合应用。书中的每个项目均包括项目目的与要求、项目必备知识、项目实施步骤、项目的考核验收。

通过本书的学习，读者可以掌握西门子数控系统PLC的工作原理、主要功能的编程及调试方法。读者可以通过各项目的实例程序理解PLC对数控机床的控制，通过项目训练掌握数控机床PLC程序的开发与调试。

本书可供高等院校数控相关专业学生学习，也可供从事数控机床电气设计、安装调试、维修维护工作的工程技术人员参考。

图书在版编目(CIP)数据

数控系统PLC编程与实训教程(西门子) / 刘树青主编. —南京 : 东南大学出版社，2016.6

ISBN 978-7-5641-6463-8

“十三五”机电工程实践系列规划教材·机电工程综合实训系列

Ⅰ.①西… Ⅱ.①刘… Ⅲ.①plc技术—应用—数控机床—程序设计—高等学校—教材 Ⅳ.①TG659 ②TM571.6

中国版本图书馆CIP数据核字(2016)第086678号

数控系统PLC编程与实训教程(西门子)

出版发行 东南大学出版社
出 版 人 江建中
社　　址 南京市四牌楼2号
邮　　编 210096

经　　销 全国各地新华书店
印　　刷 南京京新印刷厂
开　　本 787mm×1092mm 1/16
印　　张 10.75
字　　数 275千字
版　　次 2016年6月第1版
印　　次 2016年6月第1次印刷
书　　号 ISBN 978-7-5641-6463-8
印　　数 1—3500册
定　　价 25.00元

《"十三五"机电工程实践系列规划教材》编委会

序

南京工程学院一向重视实践教学，注重学生的工程实践能力和创新能力的培养。长期以来，学校坚持走产学研之路、创新人才培养模式，培养高质量应用型人才。开展了以先进工程教育理念为指导、以提高实践教学质量为抓手、以多元校企合作为平台、以系列项目化教学为载体的教育教学改革。学校先后与国内外一批著名企业合作共建了一批先进的实验室、实验中心或实训基地，规模宏大、合作深入，彻底改变了原来学校实验室设备落后于行业产业技术的现象。同时经过与企业实验室的共建、实验实训设备共同研制开发、工程实践项目的共同指导、学科竞赛的共同举办和教学资源的共同编著等，在产教融合协同育人等方面积累了丰富经验和改革成果，在人才培养改革实践过程中取得了重要成果。

本次编写的《"十三五"机电工程实践系列规划教材》是围绕机电工程训练体系四大部分内容而编排的，包括"机电工程基础实训系列"、"机电工程控制基础实训系列"、"机电工程综合实训系列"和"机电工程创新实训系列"等 26 册。其中"机电工程基础实训系列"包括《电工技术实验指导书》、《电子技术实验指导书》、《电工电子实训教程》、《机械工程基础训练教程(上)》和《机械工程基础训练教程(下)》等 5 册；"机电工程控制基础实训系列"包括《电气控制与 PLC 实训教程(西门子)》、《电气控制与 PLC 实训教程(三菱)》、《电气控制与 PLC 实训教程(台达)》、《电气控制与 PLC 实训教程(通用电气)》、《电气控制与 PLC 实训教程(罗克韦尔)》、《电气控制与 PLC 实训教程(施耐德电气)》、《单片机实训教程》、《检测技术实训教程》和《液压与气动控制技术实训教程》等 9 册；"机电工程综合实训系列"包括《数控系统 PLC 编程与实训教程(西门子)》、《数控系统 PMC 编程与实训教程(法那科)》、《数控系统 PLC 编程与实践训教程(三菱)》、《先进制造技术实训教程》、《快速成型制造实训教程》、《工业机器人编程与实训教程》和《智能自动化生产线实训教程》等 7 册；"机电工程创新实训系列"包括《机械创新综合设计与训练教程》、《电子系统综合设计与训练教程》、《自动化系统集成综合设计与训练教程》、《数控机床电气综合设计与训练教程》、《数字化设计与制造综合设计与训练教程》等 5 册。

该系列规划教材，既是学校深化实践教学改革的成效，也是学校教师与企业工程师共同开发的实践教学资源建设的经验总结，更是学校参加首批教育部“本科教学质量与教学改革工程”项目——“卓越工程师人才培养教育计划”、“CDIO 工程教育模式改革研究与探索”和“国家级机电类人才培养模式创新实验区”工程实践教育改革的成果。该系列中的实验实训指导书和训练讲义经过了十年来的应用实践，在相关专业班级进行了应用实践与探索，成效显著。

该系列规划教材面向工程、重在实践、体现创新。在内容安排上既有基础实验实训、又有综合设计与集成应用项目训练，也有创新设计与综合工程实践项目应用；在项目的实施上采用国际化的 CDIO【Conceive(构思)、Design(设计)、Implement(实现)、Operate(运作)】工程教育的标准理念，“做中学、学中研、研中创”的方法，实现学做创一体化，使学生以主动的、实践的、课程之间有机联系的方式学习工程。通过基于这种系列化的项目教育和学习后，学生会在工程实践能力、团队合作能力、分析归纳能力、发现问题解决问题的能力、职业规划能力、信息获取能力以及创新创业能力等方面均得到锻炼和提高。

该系列规划教材的编写、出版得到了通用电气、三菱电机、西门子等多家企业的领导与工程师们的大力支持和帮助，出版社的领导、编辑也不辞辛劳、出谋划策，才能使该系列规划教材如期出版。该系列规划教材既可作为各高等院校电气工程类、自动化类、机械工程类等专业，相关高校工程训练中心或实训基地的实验实训教材，也可作为专业技术人员培训用参考资料。相信该系列规划教材的出版，一定会对高等学校工程实践教育和高素质创新人才的培养起到重要的推动作用。

教育部高等学校电气类教学指导委员会主任

胡敏强

2016.5 于南京

前　言

数控系统是数控机床的“大脑”，PLC(Programmable Logic Controller)称为可编程控制器。数控系统的PLC多为内装式，和CNC通过内部总线交换信息，CNC主要完成数控机床各运动轴的速度和位置控制，PLC主要实现M、S、T指令的处理以及数控机床的外围辅助电器的控制。

数控系统的开放程度分为人机界面、PLC和控制核心三个层次，而PLC是目前数控系统开放程度最高的单元。机床制造商和最终用户，可以根据机床的工艺特点和功能要求，对PLC进行二次开发。PLC应用程序的结构是否合理、功能是否完善，运行是否可靠，直接影响数控机床的使用和性能。因此了解数控系统PLC的工作原理，掌握其编程规律和方法，熟悉数控机床典型功能的PLC程序，是数控机床设计、开发、调试人员应该具备的能力，对数控机床故障诊断与维修也大有帮助。

本书共分6个单元，以项目的形式，介绍了西门子808D系统PLC的基本知识和典型功能(辅助功能、主轴功能、自动换刀功能、特殊功能)，PLC程序的开发、调试步骤以及常见问题。每个项目具体包括项目教学目的、项目背景知识、项目要求、项目实施步骤以及项目的考核与验收。详细给出了每个任务的方案设计、硬件设计、PLC程序设计和调试步骤。结合每个项目的具体任务要求，介绍相关背景，理论知识以够用为原则，注重分析问题、解决问题能力的锻炼和培养，通过具体方法和技能的训练，力求培养解决问题的一般性思路。

本书主要供高等院校数控相关专业学生学习使用，也可供从事数控机床电气设计、安装调试、维修维护工作的工程技术人员参考。由于时间仓促、水平有限，书中不妥之处恳请读者指正。

本书在编写过程中得到西门子数控(南京)有限公司陈勇、耿亮的大力支持和帮助，他们对本书的编写提出了很多宝贵意见和建议，在此表示感谢！

本书在编写过程中还参阅了大量相关技术文章、书籍及产品手册，在此，谨向作者表示感谢。

编　者

2016年3月

目　录

单元1　认识西门子数控系统PLC

1.1　认识PLC在西门子数控系统中的作用

1.1.1　项目教学目的

(1) 了解西门子PLC及其在数控系统中的位置；
(2) 掌握PLC与CNC以及机床本体之间的接口关系；
(3) 了解西门子808D数控系统资源的分配以及PLC子程序库；
(4) 掌握PLC在西门子数控系统中的作用；
(5) 掌握PLC功能实现的一般步骤。

1.1.2　项目背景知识

(1) 数控系统内部处理的信息大致分为两大类:一类是控制坐标轴运动的连续数字信息,另一类是控制刀具更换、主轴起停、换向变速、零件装卸、切削液开关和控制面板输入/输出的逻辑离散信息(见图1.1)。

(2) PLC在数控系统中是介于数控装置与机床之间的中间环节,根据输入的离散信息,在内部进行逻辑运算,并完成输出的控制功能。

(3) PLC分为内装型PLC和独立型PLC,内装型PLC多用于单微处理器的CNC系统

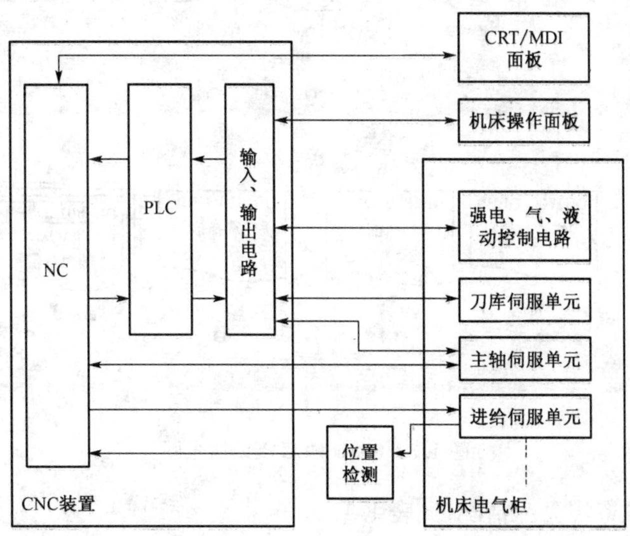

图1.1　内装型PLC的CNC系统框图

中,独立型 PLC 主要用于多微处理器的 CNC 系统中。内装型 PLC 从属于 CNC 装置,与 CNC 集于一体,如图 1.1 所示。(西门子 SINUMERIK 808D 数控系统中的 PLC 属于内装型的)

(4) PLC 程序通过 PLC 接口信号和输入输出信号,实现 NCK、HMI、MCP 和输入/输出的信息交换,如图 1.2 所示。西门子 SINUMERIK 808D 数控系统中 PLC 接口信号如图 1.3 所示。

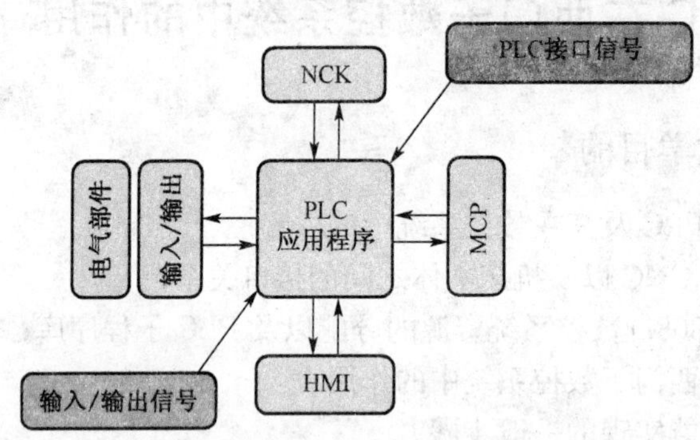

图 1.2　808D 数控系统中 PLC 处理的信息类型

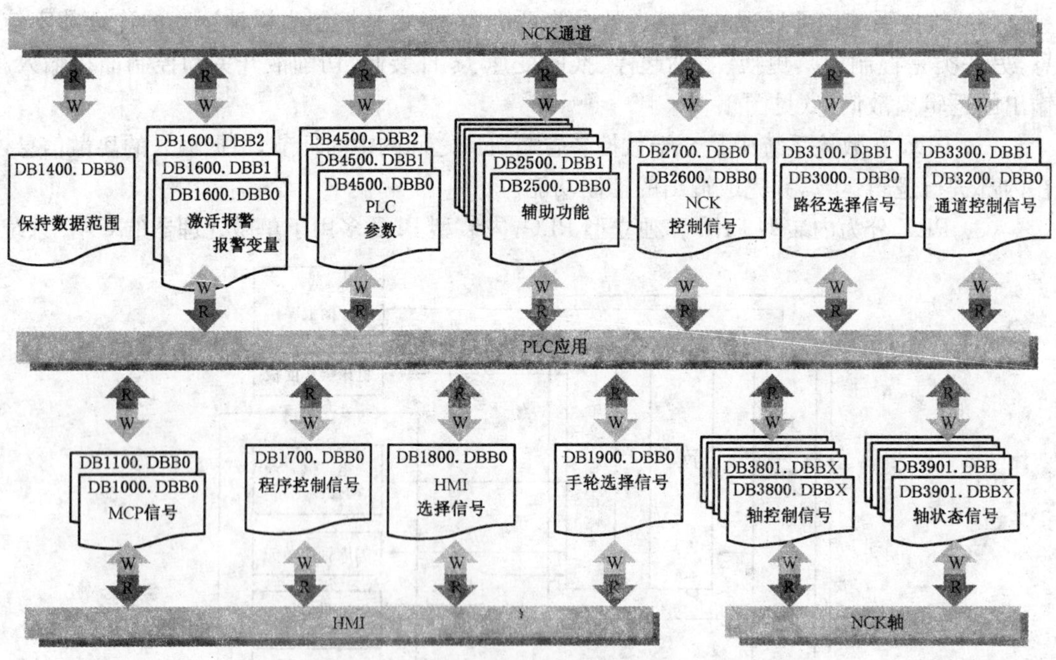

图 1.3　808D PLC 接口信号图

(5) 808D 系统资源分配情况(见表 1.1)。

表 1.1　808D 系统资源分配

PLC 资源	输入	10.0～12.7(CNC 模块上的 24 个输入) 13.0～18.7(可以扩展的 48 个输入)

续表 1.1

PLC资源	输　出	Q0.0～Q1.7(CNC模块上的16个输出) Q2.0～Q5.7(可以扩展的32个输出)
	存储器	M0.0～M255.7(共256个字节)
	保持存储器	B1400.DBX0.0～DB14000.DBX127.7(共128个字节)
	PLC用户报警	DB1600.DBX0.0～DB16000.DBX15.7 (共128个用户报警)
	定时器	T0～T15(100 ms计时器)T16～T32(10 ms计时器)
	计数器	C0～C63(64个计数器)
NC资源	参数 机床数据14510(32)	机床数据INT:DB4500.DBW0～DB4500.DBW62 (32个双字)
	参数 机床数据14514(32)	机床数据HEX:DB4500.DBB1000～DB4500.DBB1031(32个字节)
	参数 机床数据14514(8)	机床数据REAL:DB4500.DBD2000～DB4500.DBD2028(8个双字)
编程工具资源	子程序(64)	SBR0～SBR63(共64个子程序)
	符号表(32)	SYM1～SYM32(共32个符号表)

(6) 西门子数控系统将具有共性的PLC功能(如初始化、机床面板信号处理、急停处理、轴的使能控制、硬限位、参考点等)提炼成子程序库。制造商只需将所需的子程序模块添加到主程序中,再加上其他辅助动作的程序,即可快捷的完成PLC程序设计。

PLC子程序库及其所实现的功能在不同机床上基本相同,表1.2是808D的车削版子程序库。

表1.2　PLC子程序库(车床)

子程序号	名　称	说　明
0～19	—	保留用于制造商
20	AUX_MCP	辅助功能
21	AUX_LAMP	灯控制,在"AUX_MCP"子程序中调用
31	PLC_ini_USR_INI	保留用于制造商初始化(该子程序由子程序32自动调用)
32	PLC_INI PLC	初始化
33	EMG_STOP	急停处理
37	MCP_NCK	来自MCP和HMI的信号被发送到NCK接口
38	MCP_Tool_Nr	通过MCP的LED显示刀具编号
39	HANDWHL	通过HMI进行手轮选择
40	AXIS_CTL	进给轴使能和主轴使能的控制
41	MINI_HHU	手轮手持单元
42		为子程序预留
43	MEAS_JOG	JOG模式下的刀具管理
44	COOLING	冷却液控制(手动加工按键和M代码:M07、M08、M09)

续表 1.2

子程序号	名称	说明
45	LUBRICATE	润滑控制(间隔和时间)
46	PI_SERVICE	ASUP(异步子程序)
47	PLC_Select_PP	PLC 选择子程序
48	ServPlan	维护计划
49	Gear_Chg1_Auto	主轴的自动齿轮变换
50	Gear_Chg2_Virtual	主轴的虚拟齿轮变换
51	`Turret1_HED_T	刀架控制(刀架类型:霍尔元件传感器、4/6 工位)
52	Turret2_BIN_T	车床的刀架控制(刀架类型:带编码的位置检测)
53	Turret3_CODE_T	车床的液压刀架控制(刀架类型:带编码的位置检测)
54	Turret2_3_ToolDir	判断就近换刀方向,并计算预停刀位(Turret2_BIN_T,Turret3_CODE_T 调用)
55	Tail_stock_T	尾架控制
56	Lock_unlock_T	卡紧或放松控制
58	MM_MAIN	手动加工
59	MM_MCP_808D	手动机床的主轴信号处理
61、62		保留用于子程序
63	TOGGLE	六个单键保持开关:K1 到 K6 两个延迟开关:K7 和 K8

(7) 根据接口信号图以及子程序库可知,PLC 的功能主要包含以下几类:辅助功能(灯、门、排屑、润滑、冷却等)、PI 服务、PLC 与 NC 数据交换、用户报警、刀具管理、PLC 轴控制、主轴控制等。

1.1.3　项目要求

(1) 掌握内装型 PLC 的 CNC 系统组成结构;
(2) 熟悉 PLC 处理的两种信号类型;
(3) 了解西门子 808D 数控系统资源的分配以及 PLC 子程序库;
(4) 熟悉 PLC 在西门子数控系统中的作用;
(5) 能实现 PLC 的简单功能(如与 NC 的数据交换、灯的控制等)。

1.1.4　项目实施步骤

PLC 实现相应的机床功能有两种方式:一是调用厂商已有的子程序;二是要实现的功能子程序库中不存在,需要自己在主程序中实现或者自己编写子程序实现,再通过主程序调用。

PLC 功能实现的一般步骤为:I/O 分配、局部或全局变量定义、设置相关的机床数据、调用子程序(或编制主程序)。

PLC 的 I/O 分配包含在数控系统内,具体分配见单元 2 的项目 2。

下面以急停和 PLC 与 NC 数据交换为例讲解项目实施步骤。

(1) 急停

西门子数控系统子程序库中的子程序 33 处理急停，急停处理的信息即按下急停按钮产生急停报警并驱动 SINAMICS V60 的 65 使能信号，如要清除急停报警，必须首先释放急停按钮并接着按下 MCP 上的复位键。

该子程序可激活报警 700016：驱动器未就绪。下面是急停实现的具体步骤。

① 局部变量定义(见表 1.3、表 1.4)

表 1.3　输入端

变　量	类　型	说　明
DELAY	WORD	上下电时序延迟(单位：10 ms)
E_KEY	BOOL	急停开关(NC)
Drv_RDY	BOOL	驱动就绪：SINAMICS V60 驱动就绪信号
HWL_ON	BOOL	任意轴硬限位开关触发(NO)[(1)]
SpStop	BOOL	外部主轴停止信号(NO)[(2)]
Drv_ALM	BOOL	驱动报警：SINAMICS V60 驱动报警信号
NO：常开信号 NC：常闭信号		

注：(1) 该输入可取自子程序 40 的信号 OVlmt，使在硬限位出现时触发急停。

(2) 在驱动系统驱动 65 使能信号以前，PLC 将检测来自 NCK 的主轴停止信号，以确保主轴已停止。

表 1.4　输出端

变　量	类　型	说　明
Drv1_En65	BOOL	第 1 个 SINAMICS V60 的 65 使能信号
Drv2_En65	BOOL	第 2 个 SINAMICS V60 的 65 使能信号
Drv3_En65	BOOL	第 3 个 SINAMICS V60 的 65 使能信号

② 相关 PLC 机床数据设置(见表 1.5)

表 1.5　相关 PLC 机床数据及其说明

编　号	值	说　明
14512[18].4	0	主轴带外部停止信号
	1	主轴不带外部停止信号

③ 调用子程序 33(见图 1.4)

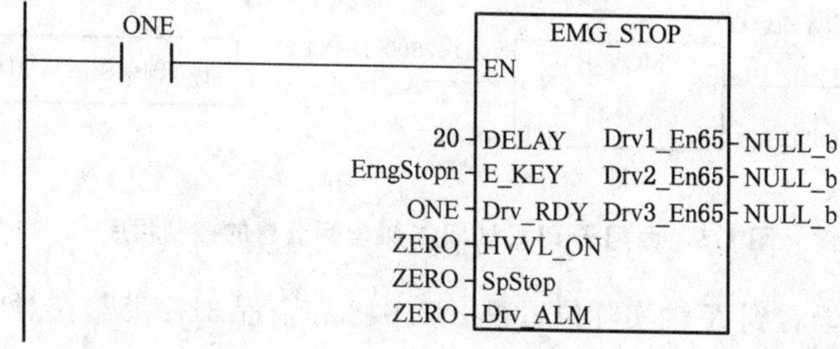

图 1.4　实现急停的控制程序

(2) PLC 与 NC 数据交换

PLC 与 NC 交换的数据包括：

- PLC 读取轴坐标(下面以此功能来展开)；
- PLC 读/写 NC 数据；
- PLC 与 NC 数据交换。

西门子数控系统中没有相应的子程序实现 PLC 读取轴坐标信息，这里就在主程序中编写相应程序段即可实现，因此不涉及局部变量的定义，下面是 PLC 读取 X 轴坐标信息的实现步骤。

① 相关 PLC 机床数据设置(见表 1.6、表 1.7)

a. 通过 PLC 可以读取某个机床轴的实际位置和余程。

表 1.6　808D 数控系统中请求读取轴数据的接口信号

DB2600	PLC→NCK(读/写)							
Byte	Bit7	Bit6	Bit5	Bit4	Bit3	Bit2	Bit1	Bit0
0001						请求轴余程	请求实际位置	

当接口信号 DB2600 的 Bit1 为 1 时，可读取轴实际位置，Bit2 为 1 时，可读取轴余程。

b. 读取的每个轴的实际位置和余程的地址。

表 1.7　808D 数控系统中每个轴数据的接口信号

实际位置(MCS)NCK→PLC(读)	余程 NCK→PLC(读)	轴　号
DB5700. DBD0	DB5700. DBD4	1
DB5701. DBD0	DB5701. DBD4	2
DB5702. DBD0	DB5702. DBD4	3
DB5703. DBD0	DB5703. DBD4	4
DB5704. DBD0	DB5704. DBD4	5

② PLC 读取 X 轴信息的程序(见图 1.5)

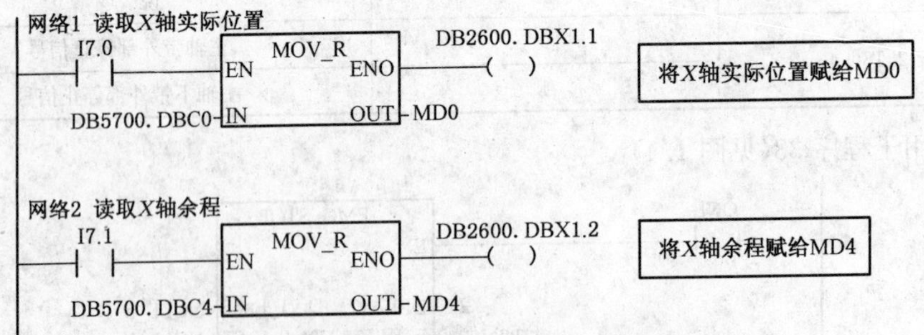

图 1.5　西门子 PLC 读取 X 轴坐标信息的控制程序

加工程序界面里看到 X 轴实际位置是 282.043 和余程 317.957，在对应的 NC/PLC 变量里面可以看到对应的当前位置和余程(见图 1.6)。

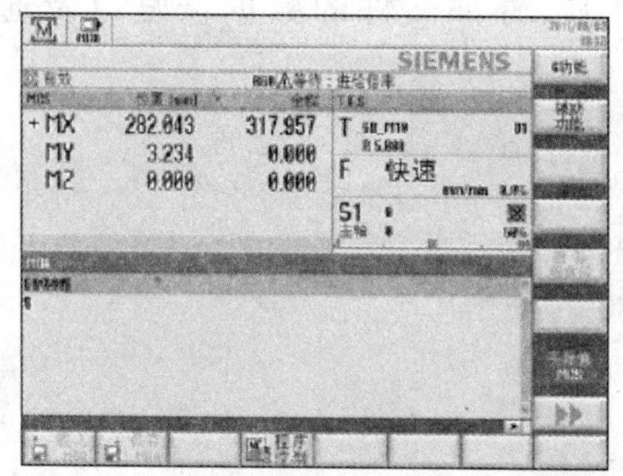

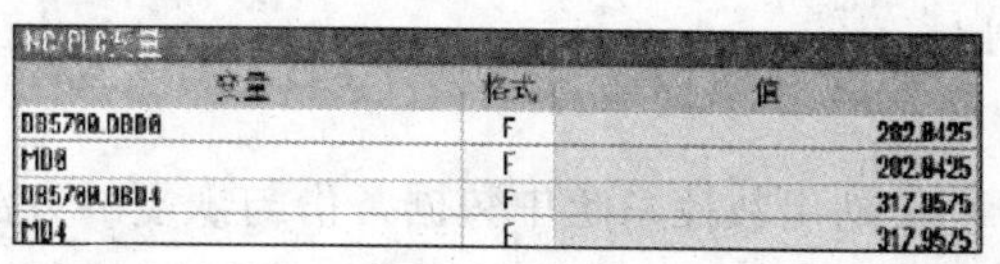

NC/PLC变量		
变量	格式	值
DB5700.DBD0	F	282.8425
MD0	F	282.8425
DB5700.DBD4	F	317.9575
MD4	F	317.9575

图 1.6 *X* 轴实际坐标信息

1.1.5 项目的考核与验收

序号	考核内容	考核要求	所占比重(%)	备 注
1	内装型 PLC 的 CNC 系统框图	PLC 的分类,包含 PLC 的数控系统框图	10	
2	PLC 处理的信号类型	PLC 处理的信号类型	5	
3	PLC 可以实现的功能种类	PLC 可以实现的功能种类	15	
4	PLC 实现功能的一般步骤	PLC 实现功能的步骤	20	
5	PLC 实现急停	局部变量的定义,相关机床数据的设置,PLC 控制程序的编写	25	
6	PLC 读取轴坐标及余程的信息	相关机床数据的设置,PLC 控制程序的编写,轴坐标信息的查看	25	

1.2 PLC 数据备份与恢复

1.2.1 项目教学目的

(1) 了解数控系统数据备份与恢复各类方法;
(2) 掌握 PC 与数控系统通过 RS232 建立通讯的方法;
(3) 掌握 PLC 数据备份的方法;
(4) 掌握 PLC 数据恢复的方法。

1.2.2 项目背景知识

(1) 数控系统有以下方法进行控制系统的用户数据的备份:
内部:在控制系统内部进行数据备份;
外部:可将数据备份到 CF 卡、USB 存储器、PC。
控制系统内部进行的数据备份不包括 PLC 数据。

(2) 外部备份数据方式包括数据存档中的外部数据备份、外部文件的数据备份和通过 RS232 接口进行外部数据备份。

(3) 数据恢复的方式有数据存档中的数据恢复、外部文件的数据恢复以及通过 Programming Tool PLC 下载的 PLC 应用程序。

1.2.3　项目要求

(1) 列出数控系统中数据备份与恢复的方法种类；

(2) 能将 PC 与数控系统通过 RS232 进行通讯；

(3) 选择一种方法将 PLC 数据备份；

(4) 选择一种方法将备份的 PLC 数据进行恢复。

1.2.4　项目实施步骤

1) 数据存档中的外部数据备份

(1) 在“系统”操作区下(按键组合：上档 + 系统诊断)，按“批量调试存档”软键。出现如图 1.7 所示的画面。

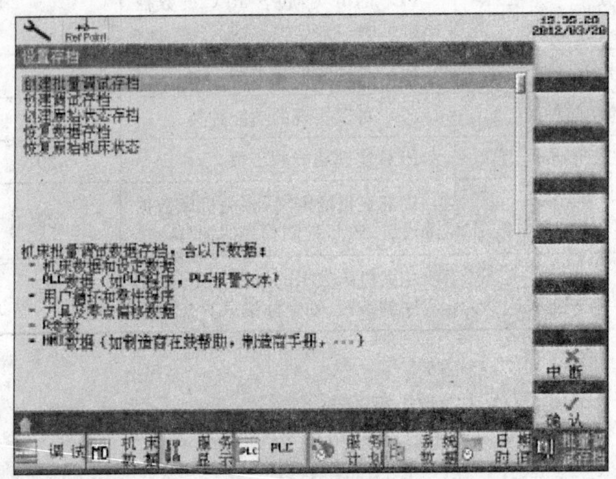

图 1.7　批量调试存档画面

(2) 有三种选项来创建数据存档。

① 创建批量调试存档：可以选择该选项来创建一个用于批量调试的数据存档，该存档包含如下内容：机床数据和设定数据、PLC 数据(例如 PLC 程序、PLC 报警文本)、用户循环和零件程序、刀具和零点偏移数据、R 参数、HMI 数据(例如制造商在线帮助、制造商手册等)。

② 创建调试存档：可使用该选项为整个系统备份创建数据存档，该存档包含如下内容：机床数据和设定数据、补偿数据、PLC 数据(例如 PLC 程序、PLC 报警文本)、用户循环和零件程序、刀具和零点偏移数据、R 参数、HMI 数据(例如制造商在线帮助、制造商手册等)。

③ 创建原始状态存档：可使用该选项直接在系统 CF 卡上备份整个系统，该存档包含如下内容：机床数据和设定数据、补偿数据、PLC 数据(例如 PLC 程序、PLC 报警文本)、用户循环和零件程序、刀具和零点偏移数据、R 参数、HMI 数据(例如制造商在线帮助、制造商手册等)。创建完原始状态存档后屏幕上会出现“恢复原始机床状态”选项(见图 1.8)。

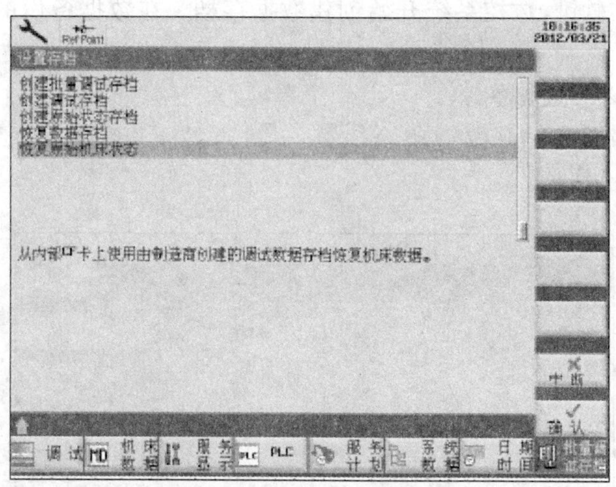

图 1.8　恢复原始机床状态画面

原始状态存档包含与调试存档完全相同的数据。在维护情况下(例如硬件更换),与使用调试存档相比,使用原始状态存档恢复数控系统要容易得多。

(3) 选择某一选项来为备份创建所需的数据存档。

在创建批量调试存档或者调试存档时,必须选择数据存档的路径:

OEM 文件:用于储存 OEM 文件的系统 CF 卡上的文件夹;

用户文件:用于储存用户文件的系统 CF 卡上的文件夹;

USB:USB 存储器。

如果创建的是原始状态存档,则数据仅备份到 CF 卡中。下面以批量调试存档为例,则数据存档的名称默认为“arc_product. arc”。亦可使用自己偏爱的名称。

(4) 按下“确认”软键确认选择,出现“存档信息”对话框(见图 1.9)。

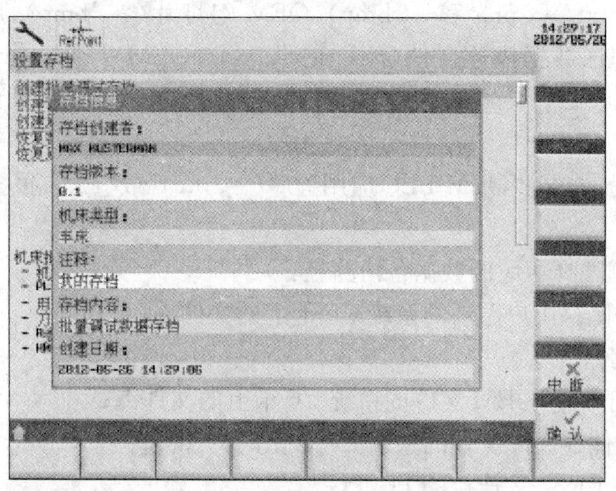

图 1.9　“存档信息”对话框

在“存档信息”对话框中,您可以输入下列信息:存档创建者、存档版本、注释。

(5) 按下“确认”软键,数控系统开始创建数据存档。在数据备份的过程中,请勿拔出USB存储器。

2) 外部文件的外部数据备份

(1) 在“系统”操作区下(按键组合: +),按下“系统数据”水平软键打开如图 1.10 所示的窗口。

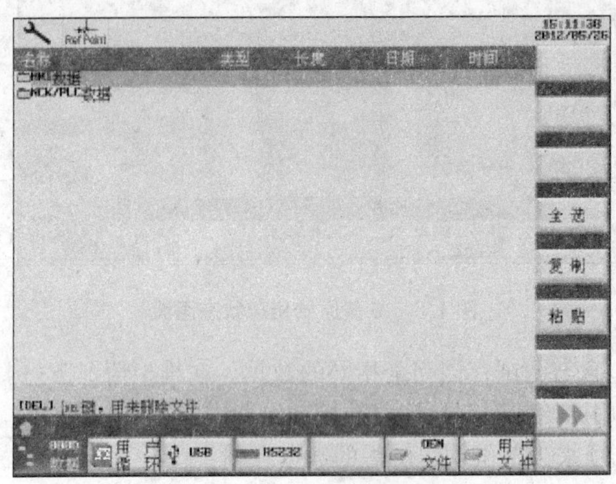

图 1.10　系统数据窗口

(2) 选一个文件夹,并按<输入>打开。

“NCK/PLC 数据”文件夹包括以下数据:丝杠螺距误差补偿、全局用户数据、许可证密码的文件、机床数据、OEM PLC 应用程序(*. pte)、R 参数、设定数据、刀具数据、零点偏移。

“HMI 数据”文件夹包含以下文件:自定义位图、用户循环文件、EasyXLanguage 脚本、OEM 在线帮助(*. txt、*. png 和 *. bmp)、OEM 幻灯片(*. bmp)、用户扩展文本文件(almc. txt)、OEM 机床数据描述文件(md_descr. txt)、OEM 手册(oemmanual. pdf)、PLC 报警文本(alcu. txt)、OEM R 参数名称文件(rparam_name. txt)、服务计划任务名称文件(svc_tasks. txt)。

(3) 选中要备份的文件“OEM PLC 应用程序(*. pte)”或“PLC 报警文本(alcu. txt)”,按“复制”键。

(4) 按以下软键选择相应的数据备份路径:

用户循环:用于储存用户循环的系统 CF 卡上的文件夹;

USB:USB 存储器;

OEM 文件:用于储存 OEM 文件的系统 CF 卡上的文件夹;

用户文件:用于储存用户文件的系统 CF 卡上的文件夹;

RS232:通过接口 RS232 连接的 PC/PG。

(5) 按“粘贴”软键结束数据备份。

3) 通过通讯工具 SinuComPCIN 进行 PLC 数据备份

(1) 使用通讯工具 SinuComPCIN 可将以下数据以文本格式读到 PC 机上:NCK/PLC

数据、HMI 数据、用户循环、OEM 文件、用户文件。

(2) 通讯工具 SinuComPCIN。

PC 机上首先必须装通讯工具 SinuComPCIN，此工具可在西门子 SINUMERIK 808D 数控系统的工具箱中获得。

(3) 连接 RS232 电缆。

(4) 在 HMI 上配置通讯设置。

在“系统”操作区下，按软键“系统数据”＞“RS232”＞“设置”，调出“通讯设置”对话框(见图 1.11)。

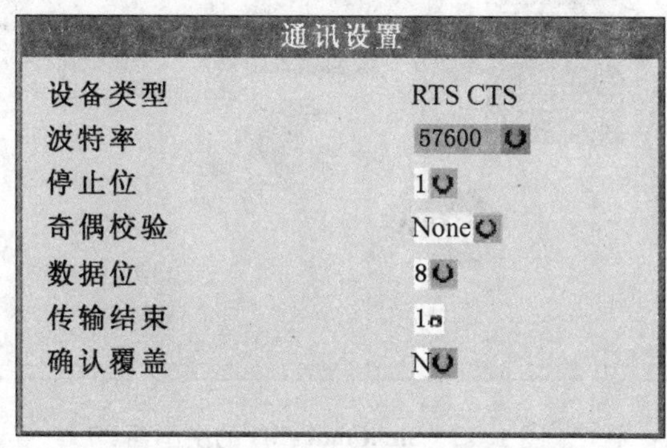

图 1.11　数控系统中通讯设置对话框

按下＜选择＞键在不同设置之间进行切换，按下＜存储＞软键保持设置。按下＜返回＞软键返回到 RS232 主画面。

(5) 在 PC 上配置 SinuComPCIN。

按“RS232 Config”按钮，从列表中选择所需的波特率(见图 1.12)。

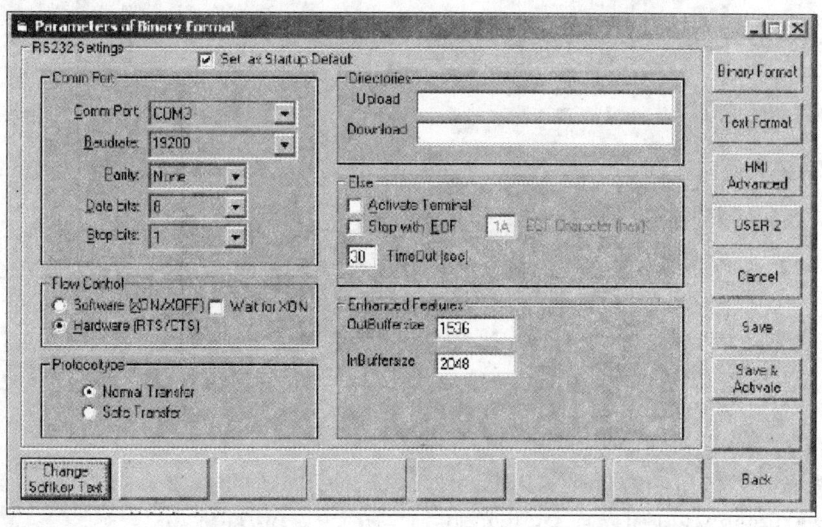

图 1.12　PC 上配置 SinuComPCIN 界面

按"Save"软键保存设置。

注意:该波特率必须与数控系统端选择的波特率一致。

(6) 按"Back"按钮返回到 SinuComPCIN 的主画面(见图 1.13)。

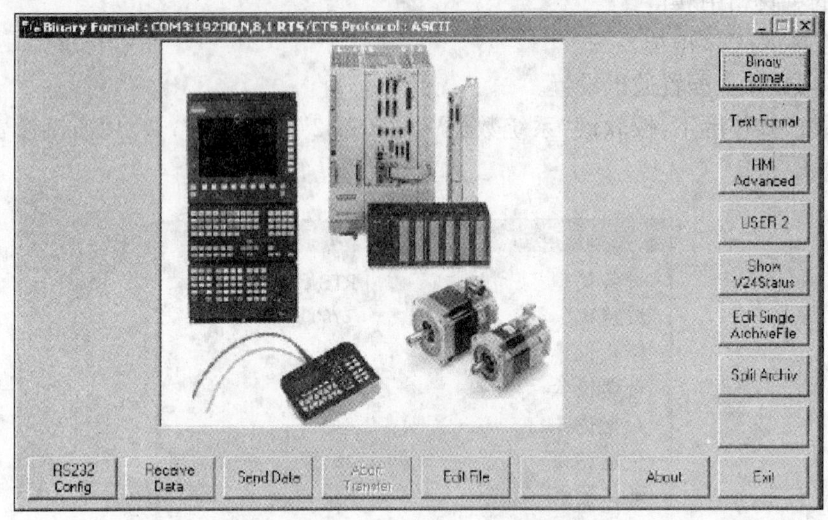

图 1.13 SinuComPCIN 的主画面

(7) 按下"Receive Data"按钮。输入文本文件的名称(见图 1.14)。

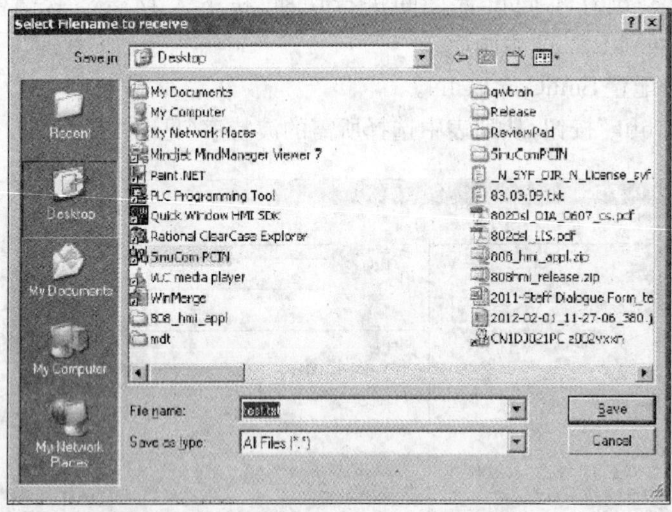

图 1.14 输入文本文件名称的界面

然后按下"Save"按钮。

(8) 选择需要备份的文件——PLC 文件,然后使用"复制"软键复制。

(9) 按"RS232"软键切换到 RS232 画面下,按下"发送"软键。

(10) 数据开始传输。

NC 端(见图 1.15)。

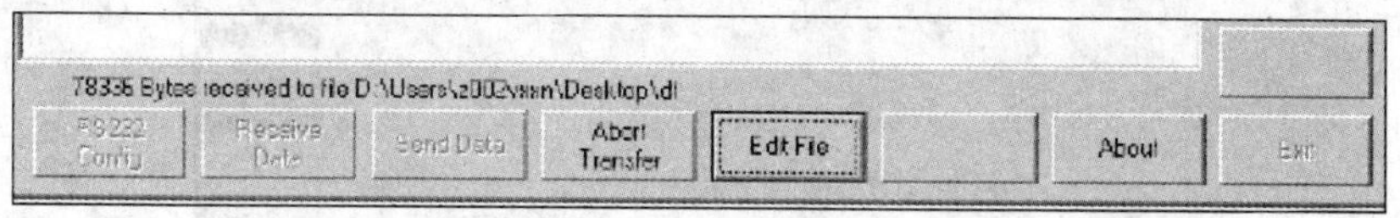

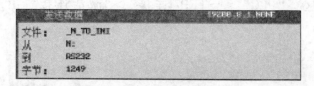

图 1.15　NC 端数据发送界面

SinuComPCIN 端(见图 1.16)。

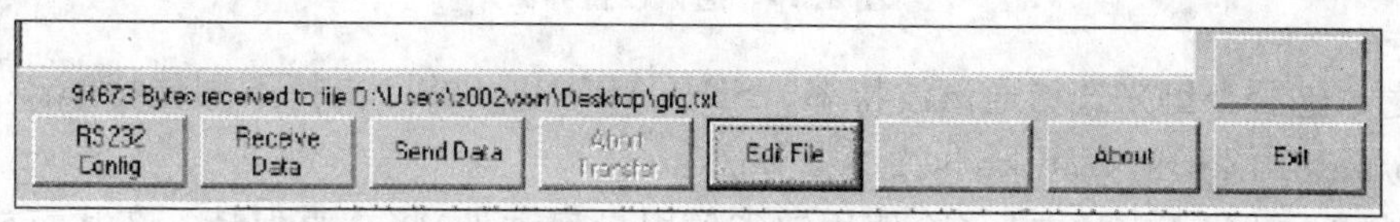

图 1.16　SinuComPCIN 端数据接收界面

等待直至 SinuComPCIN 接收完数控系统数据，然后点击“Abort Transfer”按钮，数据接收完成(见图 1.17)。

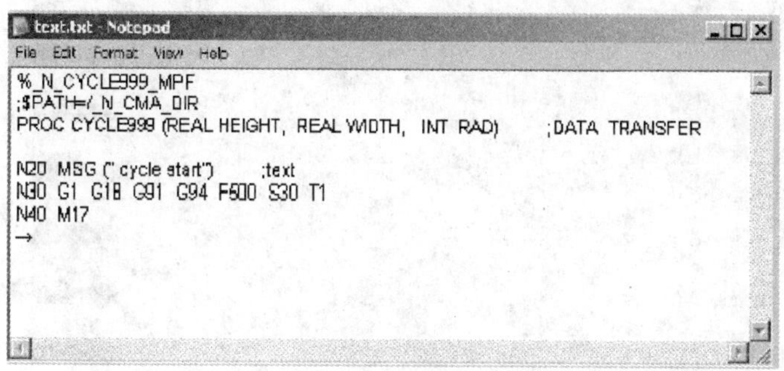

图 1.17　数据接收完成

(11) SinuComPCIN 从 NC 端接收完数据后，就可以打开文本文件查看传输的结果(见图 1.18)。

图 1.18　接收成功的文件

4) 通过编程工具 Programming Tool PLC 进行 PLC 数据备份

(1) 使用编程工具 Programming Tool PLC 可将 PLC 数据读到 PC 机上。

(2) 编程工具 Programming Tool PLC。

PC 机上首先必须装编程工具 Programming Tool PLC，此工具可在西门子 SINUMERIK 808D 数控系统的工具箱中获得。

(3) 连接 RS232 电缆。

(4) 激活数控系统上的连接。

“系统”操作区＞“PLC”＞“STEP7 连接”＞“激活连接”，出现通讯设置画面(见图 1.19)。

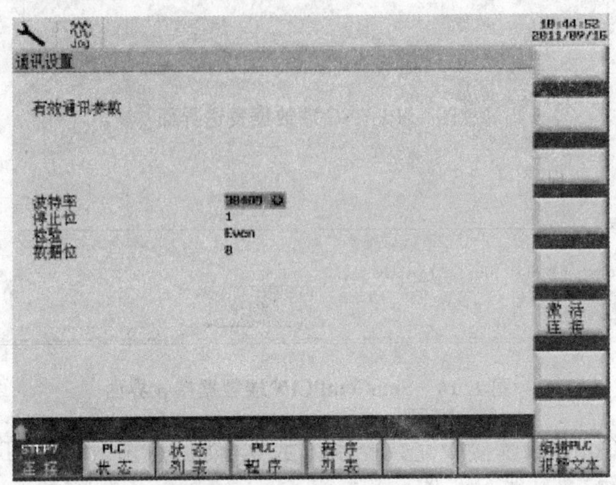

图 1.19 通讯设置界面

通过＜选择＞键来选择通讯波特率。SINUMERIK 808D 支持下列波特率：9.6 kb/s、19.2 kb/s、38.4 kb/s、57.6 kb/s、115.2 kb/s。

有效或无效状态在通电后(除使用缺省值引导启动外)将一直保持。在状态栏中会使用一个符号来显示有效的连接(见图 1.20)。

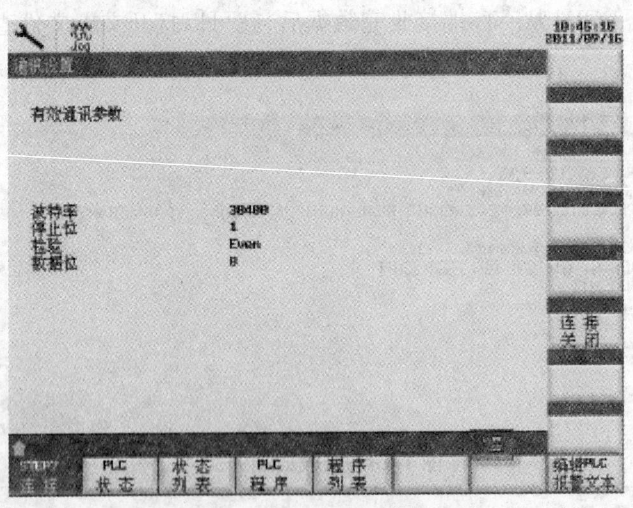

图 1.20 通讯状态显示界面

(5) PLC Programming Tool 中的通讯设置。

在 PLC Programming Tool 中设定 PPI 参数要进行以下步骤：

① 要显示“通讯联接”对话框，使用菜单命令“视图＞通讯”，或者单击视图栏中的通讯按钮 ，或单击运算树中的通讯图标 通讯 ，出现 PLC Programming Tool 通讯设定界面(见图 1.21)。

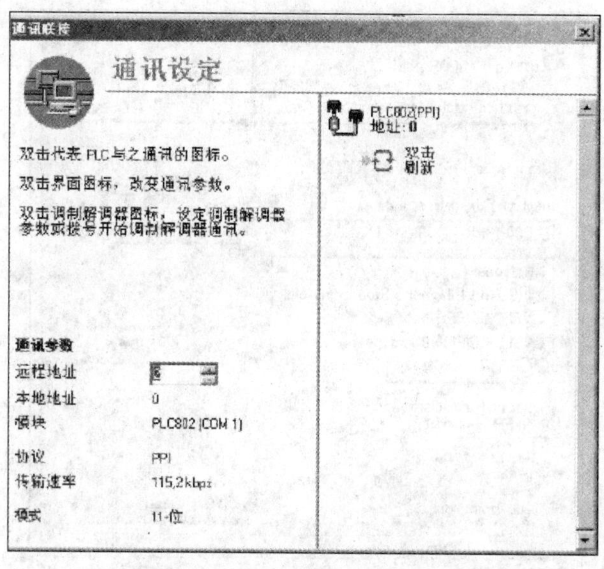

图 1.21　PLC Programming Tool 通讯设定界面

② 在右侧“通讯”窗口中双击“访问点”图标(见图 1.22)。

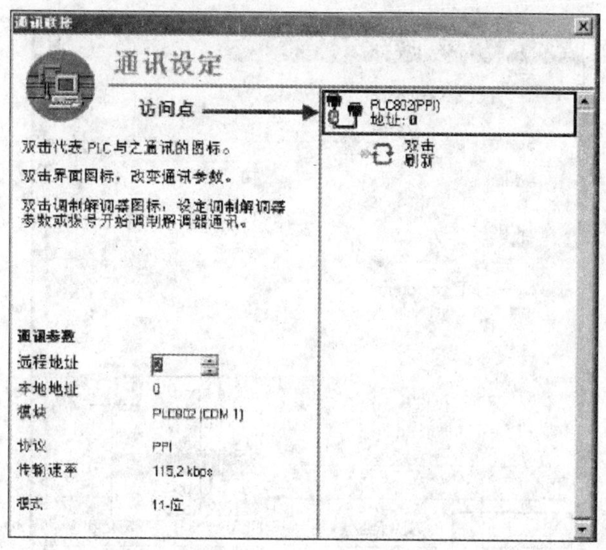

图 1.22　访问点提示画面

然后出现“Set PG/PC Interface”对话框(见图 1.23)。

③ 检查已使用的 PG/PC 接口。对于 RS232 通讯，必须将接口“PLC802(PPI)”分配给 PLC Programming Tool。

④ 双击接口“PLC802(PPI)”或左击“Properties”按钮，显示属性对话框。为传输速度设置波特率(见图 1.24)，PLC Programming Tool 网络通信使用该波特率。

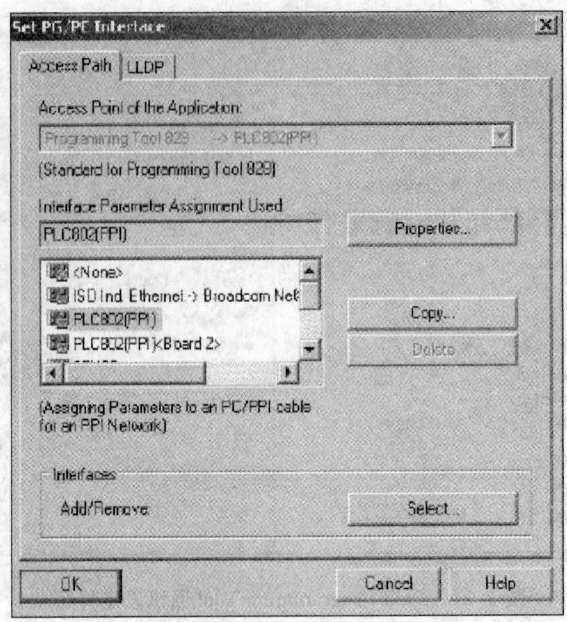

图 1.23　"Set PG/PC Interface"对话框

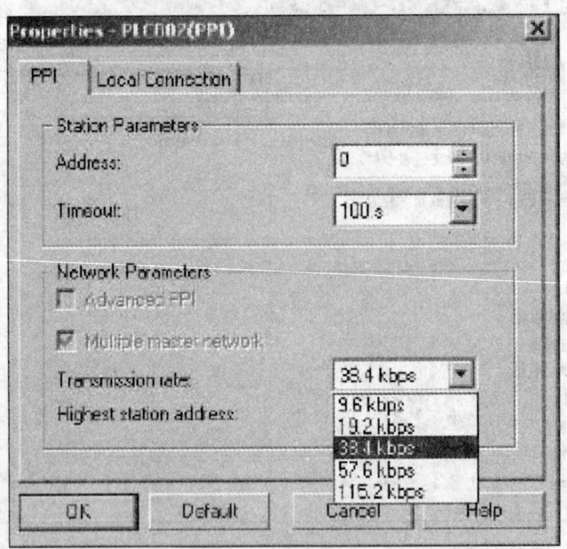

图 1.24　波特率设置界面

注意:所选波特率必须与在数控系统上设置的波特率一致。

⑤ 打开"Local connection"标签指定 COM 端口(见图 1.25),用于连接 RS232 电缆。

⑥ 单击"OK"两次关闭"Set PG/PC Interface"对话框。

⑦ 点击"通讯设定"对话框右侧的蓝色文本"双击刷新"。系统花费几分钟来搜索有效地址(见图 1.26)。

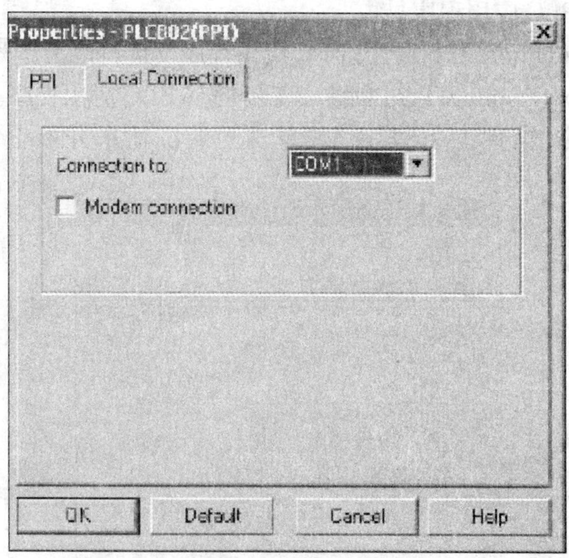

图 1.25　指定 COM 端口界面

图 1.26　地址搜索界面

⑧ 等待直至图标“808D－PPU14x，地址 2”显示(见图 1.27)，此时连接就绪。

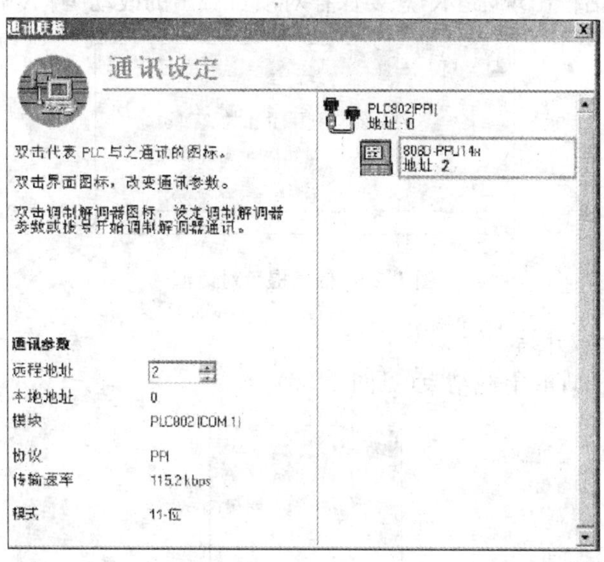

图 1.27　连接成功图

(6) 上载(保存)PLC 应用程序。

通过 PLC Programming Tool 上载 PLC 应用程序要进行以下步骤：

① 使用 PLC Programming Tool 创建一个新的空 PLC 应用程序。

② 使用菜单命令“文件＞上载...”或单击上载按钮来开始上载，弹出上载对话框(见图 1.28)。

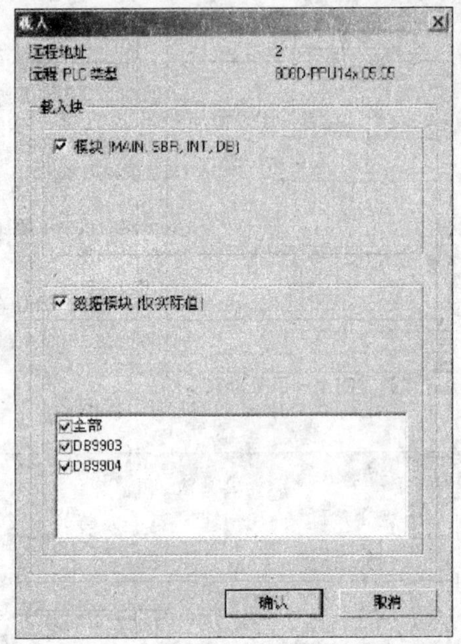

图 1.28　上载对话框

③ 单击“确定”按钮。

④ 一个信息对话框出现，提示“您要保存对项目做出的改动吗?”(见图 1.29)。

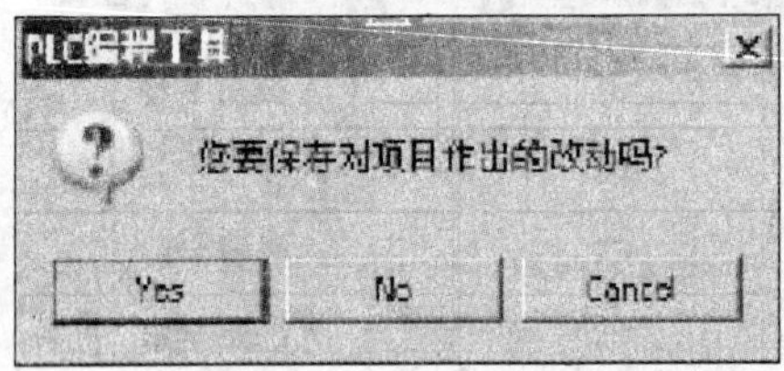

图 1.29　信息提示对话框

⑤ 单击“是”，上载开始。

⑥ 当以下消息出现时上载结束(见图 1.30)。

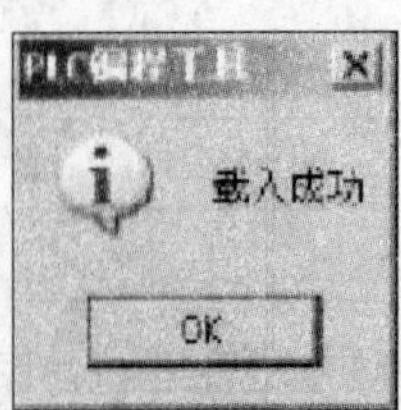

图 1.30　上载结束提示对话框

⑦ 单击“确认”，可查看上载结果(见图 1.31)。

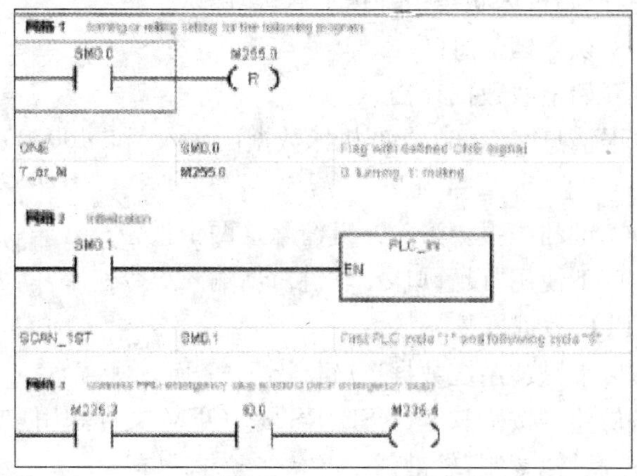

图 1.31　上载结果

(7) 将 USB 存储器上的 PLC 应用程序(.pte 文件)载入 PLC Programming Tool 要进行以下步骤：

① 通过 PLC Programming Tool 创建空的 PLC 应用程序。

② 通过菜单命令“文件>导入...”从 USB 存储器导入.pte 文件(见图 1.32)。

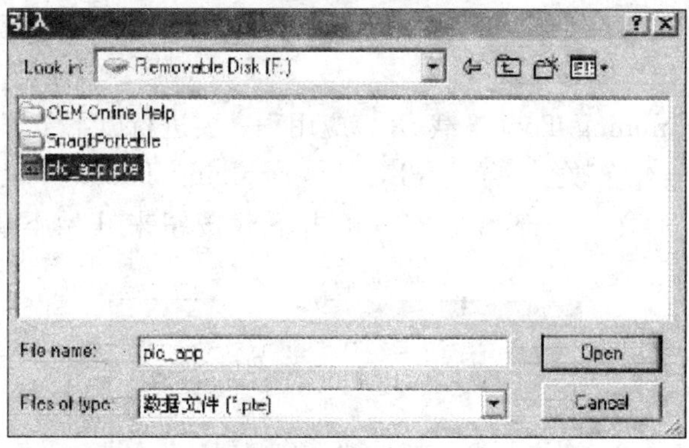

图 1.32　导入对话框

③ 单击“打开”按钮或双击“.pte”文件。

④ 导入“.pte”文件将持续几秒时间。

5) PLC 数据恢复

(1) 批量调试存档中的 PLC 数据恢复

① 在“系统”操作区里，按软键“批量调试存档”。

② 选择选项“恢复数据存档”，然后按“确认”。

③ 搜索备份的路径并选择备份的数据存档。

④ 按“确认”软键确认存档信息。

⑤ 按“确认”软键开始恢复数据存档。

如数据存档为原始状态存档，操作步骤如下：

① 在“系统”操作区里,按软键“批量调试存档”。

② 选择选项“恢复原始机床状态”,并按下软键“确认”。

③ 按“确认”软键确认存档信息。

④ 按“确认”软键开始上载数据存档。

⑤ 请等待直至错误消息“004060 标准机床数据已载入”和“400006 缓存 PLC 数据已删除”出现。

⑥ 分别按＜复位＞键和＜报警清除＞键清除这两个报警。

⑦ 在“系统”操作区下使用“设置口令”软键重新输入口令。

(2) 外部文件的 PLC 数据恢复

① 在“系统”操作区下,按“系统数据”软键。

② 依照文件的备份路径按下软键(USB、RS232、OEM 文件和用户文件)。

③ 查找到文件,然后按“复制”软键。

④ 按“808D 数据”软键,并按下＜INPUT＞键进入文件夹“NCK/PLC 数据”或者“HMI 数据”中

⑤ 按下“粘贴”软键将文件复制。

⑥ 一条提示信息出现,提示您将覆盖原始文件,通过“确认”进行确认。

⑦ 当进度条消失后下载完成。

(3) 通过 PLC Programming Tool 进行 PLC 数据恢复(PLC 应用程序下载)

可以使用 PLC Programming Tool 将 PLC 应用程序写入数控系统的永久存储器(加载存储器)中或 USB 存储器。

通过 PLC Programming Tool 下载 PLC 应用程序要进行以下步骤:

① 通过 RS232 电缆在数控系统与 PLC Programming Tool 之间建立通讯。

② 使用菜单命令“文件＞下载...”或单击下载按钮来开始下载,弹出下载对话框(见图 1.33)。

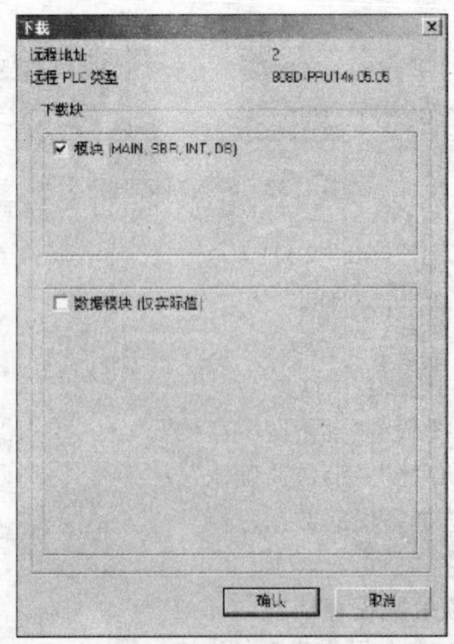

图 1.33　下载对话框

③ 直接单击“确认”继续下一步。您也可以选择复选框“数据模块(仅实际值)”以加入数据段的实际值,然后单击“确认”(见图 1.34)。

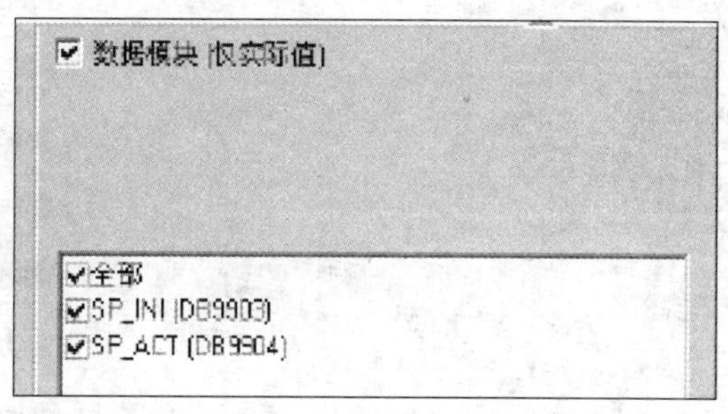

图 1.34　数据模块选择对话框

④ 选择当 PLC 处于 RUN 模式下(“在 RUN 模式下下载”按钮)或处于 STOP 模式下(“将 PLC 调至 STOP 模式”按钮)时下载 PLC 应用程序(见图 1.35)。

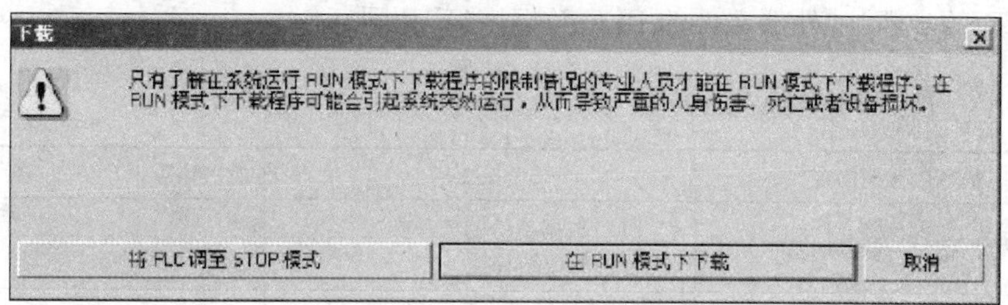

图 1.35　PLC 模式选择对话框

建议在 PLC 处于 STOP 模式时进行下载。在 PLC 处于 RUN 模式时进行下载可能会导致设备损坏或人身伤害。

⑤ 下载开始并将持续几秒时间。

⑥ 当出现以下消息时,下载结束。单击“确认”结束操作(见图 1.36)。

图 1.36　下载成功对话框

PLC 应用程序导出到 USB 存储器再复制到数控系统的操作步骤如下:

① 通过菜单命令“文件>导出...”将使用 PLC Programming Tool 创建的 PLC 应用程序导出到 USB 存储器中。

② 将 USB 存储器插入 PPU 前面板上的 USB 接口。

③ 通过 HMI 打开 USB 存储器:“系统”操作区>“系统数据”>“USB”(见图 1.37)。

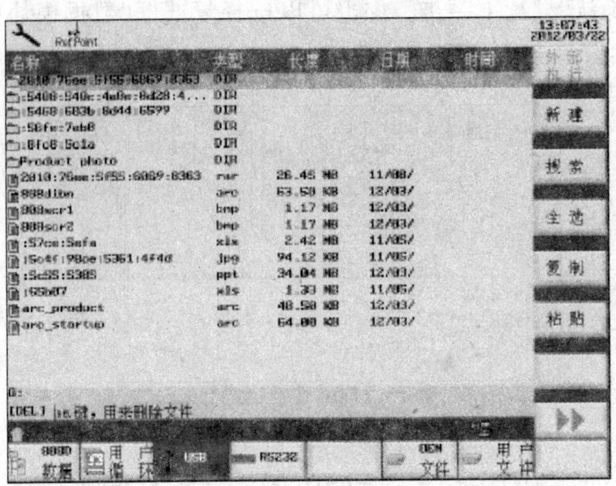

图 1.37 USB 存储器数据

④ 后面的步骤与“外部文件的 PLC 数据恢复”相同。

1.2.5 项目的考核与验收

序号	考核内容	考核要求	所占比重	备 注
1	数据备份与恢复的基本知识	1. PLC 数据备份的各种方法 2. 备份的数据种类	10	
2	外部文件的 PLC 数据备份	1. 数据备份的路径 2. 数据备份的步骤	25	
3	PC 与数控系统的通讯连接	通过 RS232 建立 PC 与数控系统之间通讯的方法和步骤	15	
4	通过 PLC Programming Tool 进行 PLC 数据备份	通过 PLC Programming Tool 进行 PLC 数据备份的步骤	25	
5	PLC 数据的恢复	1. 外部文件中 PLC 数据恢复的步骤 2. 通过 PLC Programming Tool 进行 PLC 数据恢复的步骤	25	

单元 2　西门子数控系统的 I/O 接口

2.1　西门子数控系统组成及连接

2.1.1　项目教学目的

(1) 熟悉西门子数控系统的组成；

(2) 掌握西门子数控系统的硬件连接；

(3) 了解各组成部件的主要功能。

2.1.2　项目背景知识

西门子数控系统是市场上最畅销的机床控制系统之一，针对实验室的实际情况，本项目主要叙述西门子 808D 数控系统的硬件连接。掌握了这种系统，对其他西门子系统连接的理解便可以触类旁通了。

如图 2.1 所示，西门子 808D 数控系统是由机床操作面板，I/O 板，伺服放大器，伺服电

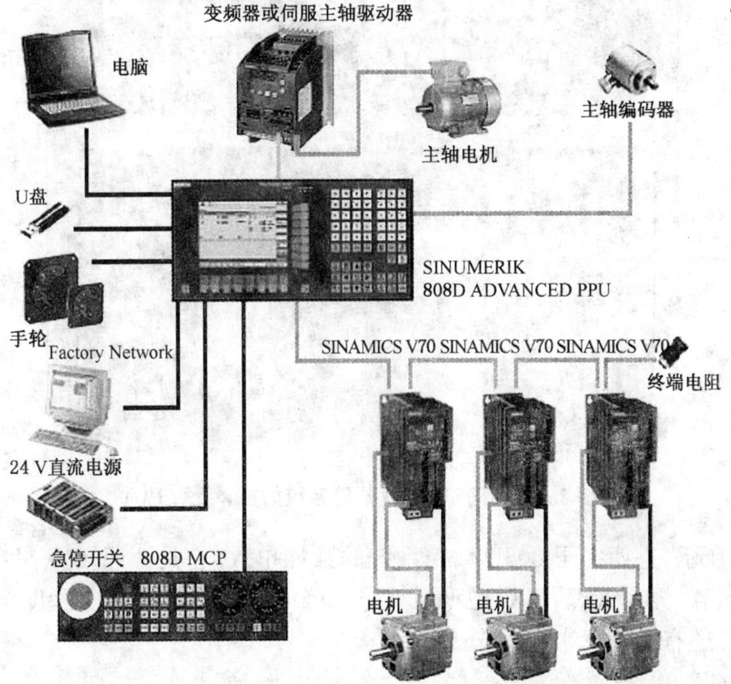

图 2.1　西门子 808D 数控系统各单元间的连接

机等组成,它是基于操作面板的紧凑型数控系统,强大的数控功能能够确保在很短的加工时间内实现极佳的工件加工精度和表面加工质量,西门子 808D 数控系统配置驱动系统和伺服电机,完美应用于普及型数控车床、数控铣床及立式加工中心。

2.1.3 项目要求

(1) 断电情况下,在实验台上找出西门子系统,伺服驱动,变频器等各大部件,并在纸上绘制其实验台上的安装位置,标明其型号。

(2) 断电情况下,根据系统连接总图,参照教科书,逐步分项检查、验证各个部件之间的连接,并在图纸上继续绘制出连接关系,标明各连接端口。

(3) 断电情况下,观察机床外围器件,了解走线方式,插头连接等,查看是否有松动,破损情况,若有,及时处理。

(4) 一切正常方可上电,上电后系统进入正常状态,用万用表测试系统各部件电源电压,并将结果记录在图纸上的相应部件上

2.1.4 项目实施步骤

(1) 系统控制及显示单元(见图 2.2)

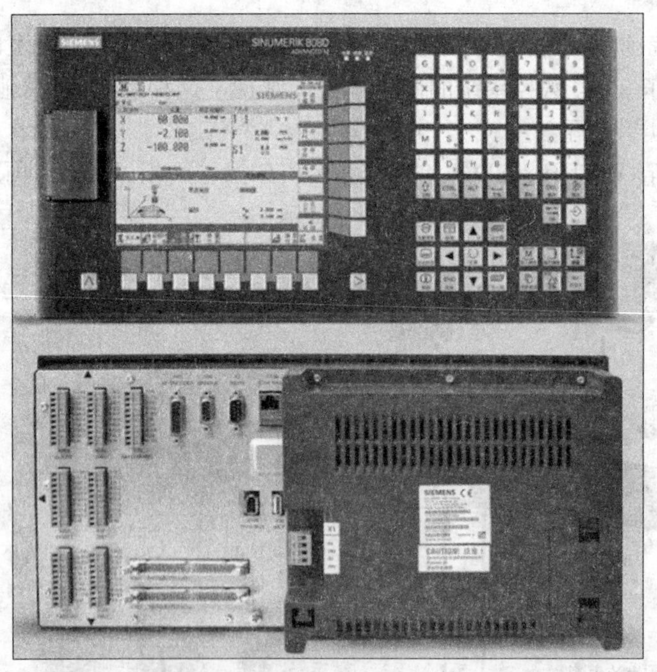

图 2.2 西门子 808D 数控系统数控单元(PPU)

如图 2.2 所示,是西门子 808D 数控系统的数控单元,它是西门子 808D 数控系统的核心,负责数控运算,界面管理,PLC 逻辑运算等。该单元与其他元件的通讯采用 PROFIBUS 现场总线,另外还有 RS232 接口与外界通讯。

(2) I/O 的连接

PLC 中的输入设备有行程开关、按钮等,输出设备有热继电器、交流接触器等。为了使

PLC 能够安全地工作，我们必须把 I/O 电路连接正确。

除了在西门子 808D PPU 后侧提供 24 个数字输入接口和 16 个数字输出接口之外，还提供 3 个快速数字输入接口和 1 个快速数字输出接口；此外，西门子 808D PPU 还可以通过 50 针分布式数字输入/输出接口 X301 和 X302，扩展出额外的 48 个数字输入接口和 32 个数字输出接口，使得整个西门子 808D PPU 的数字量工作接口共达到 72 个数字输入接口和 48 个数字输出接口，图 2.3 是端子板转换器，可以与 PPU 连接，图 2.4 是西门子 808D 接线总览图。

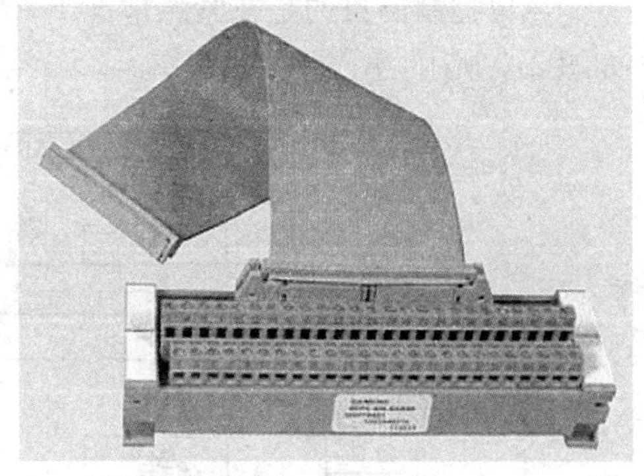

图 2.3　端子板转换器

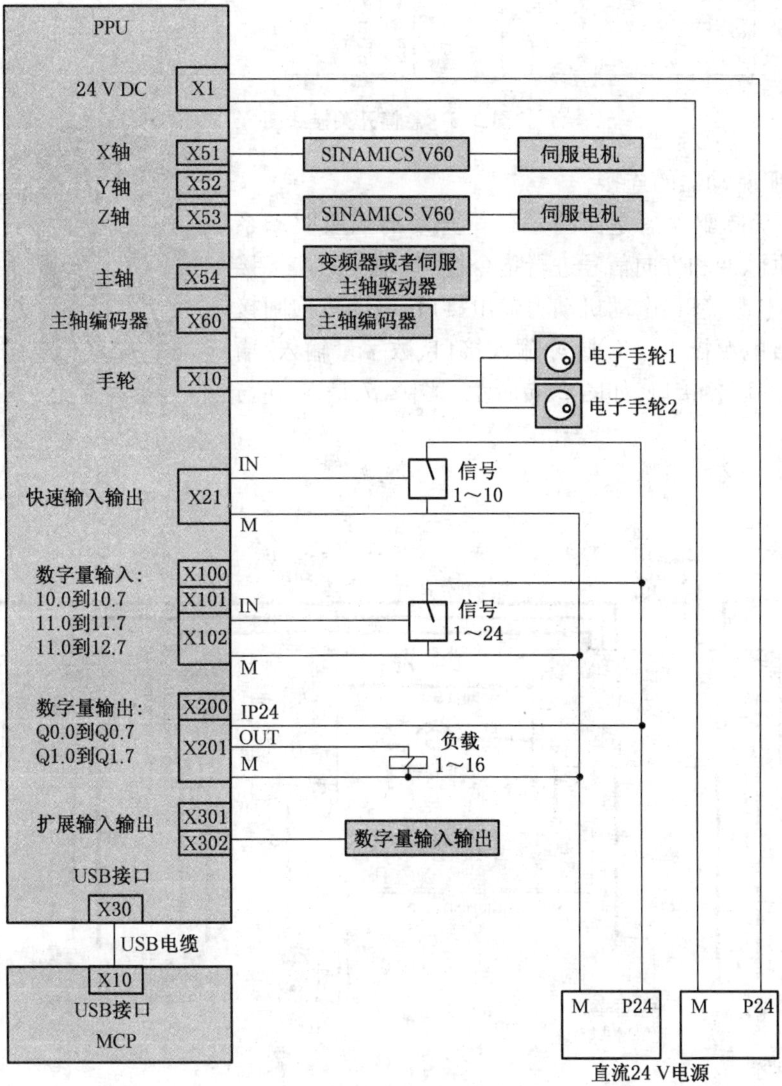

PPU
24 V DC　X1
X轴　X51　SINAMICS V60　伺服电机
Y轴　X52
Z轴　X53　SINAMICS V60　伺服电机
主轴　X54　变频器或者伺服主轴驱动器
主轴编码器　X60　主轴编码器
手轮　X10　电子手轮1　电子手轮2
快速输入输出　X21　IN　M　信号 1～10
数字量输入：
I0.0到I0.7　X100
I1.0到I1.7　X101
I1.0到I2.7　X102
IN　M　信号 1～24
数字量输出：
Q0.0到Q0.7　X200
Q1.0到Q1.7　X201
IP24　OUT　M　负载 1～16
扩展输入输出　X301　X302　数字量输入输出
USB接口　X30
USB电缆
X10　USB接口　MCP
M　P24　M　P24
直流24 V电源

图 2.4　808D 接线总览图(车床)

(3) 急停的连接

急停控制的目的是在紧急情况下,使机床上的所有运动部件在最短时间内停止运行,如图 2.5 所示,急停开关接线图。

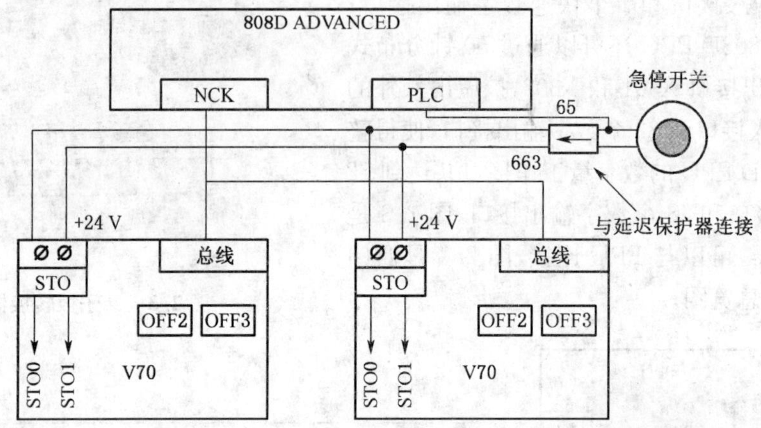

图 2.5　急停开关接线图

(4) 伺服驱动器的连接

西门子 V60 驱动器是西门子公司开发的伺服驱动系统,通过提供脉冲和方向信号进行指令控制,相关的连接接口主要有主电源接口、电动机动力输出接口、电动机抱闸接口、24V 直接电源接口、NC 脉冲输入接口、数字量输入/输出接口以及编码器接口,如图 2.6 所示。图 2.7 是 V60 与 PPU 的连接。

图 2.6　V60 驱动模块

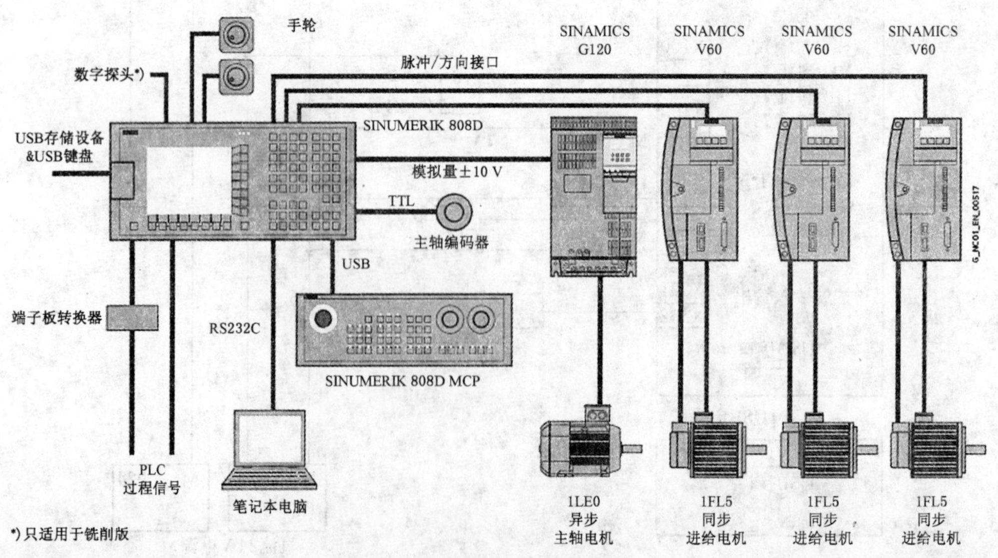

图 2.7　V60 与 PPU 之间的连接

(5) 伺服电机

如图2.8所示，1FL5伺服电机是西门子808D数控系统的标配，需要注意该伺服电机只能提供增量式编码器，在实际应用中，对于所选的1FL5伺服电机是否带有抱闸或不抱闸，是否带有键槽等需做详细的核对。

图2.8　1FL5伺服电机

(6) 电源的连接

对于西门子808D数控系统而言，可以将接线过程中所需要使用到的电源主要分为主电源电路和控制电路，在主电源电路中主要包括有电源的进线、总开关以及与冷却、润滑、排屑等辅助功能相关联的电动机连接。

在西门子808D PPU和西门子V60驱动器组件上都会使用到直流24V电源。一般来说，为了确保这两个部件的稳定运行，所选择的直流24V电源输出电源有效范围为20.4～28.8V。

2.1.5　项目的考核与验收

序号	考核内容	考核要求	所占比重	备注
1	808D数控系统的组成	熟悉系统由哪些单元组成	20	
2	PPU上各个按键	掌握各个按键的功能	20	
3	MCP上各个按键	掌握各个按键的功能	20	
4	V60驱动器	掌握V60驱动器的作用和各接口接法	20	
5	伺服电机	掌握伺服电机及编码器作用	20	

2.2　西门子数控系统I/O单元地址分配

2.2.1　项目教学目的

(1) 掌握西门子808D系统输入输出接口电路；

(2) 掌握西门子808D系统I/O信号的连接及相关技术要求；

(3) 熟悉西门子808D系统的I/O地址分配。

2.2.2 项目背景知识

在西门子 808D 数控系统中,根据不同的功能和使用要求,设置了多个数字量输入与输出接口,在实际的接线中,首先对西门子 808D 数控系统所使用的数字量输入输出接口的接线原理有清晰的认识,并且仔细地了解不同接口的用途以及相应的接线条件和规格要求,以免信号丢失,接线错误等问题的出现。对于这些数字量输入输出接口来说,尽管他们所需要实现的命令控制对象和功能不尽相同,但是作为数字量接口的工作电路而言,具有相同的工作原理和工作电路结构,如图 2.9、图 2.10 所示,在实际的接线中,需要严格遵循相应的工作电路接线图进行连接,以确保信号的正确传输和系统的稳定运行。

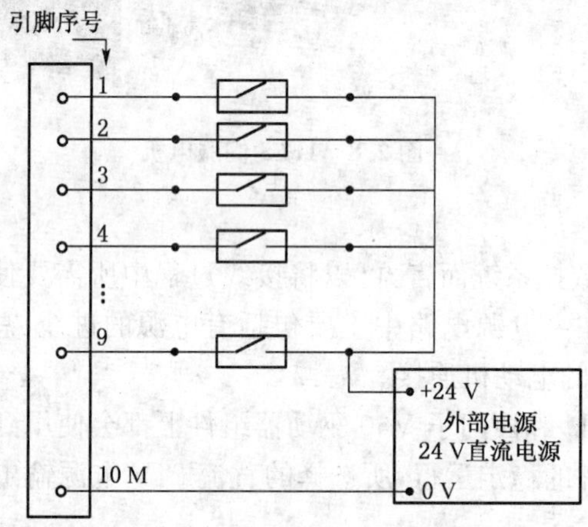

图 2.9 数字量输入接口电路

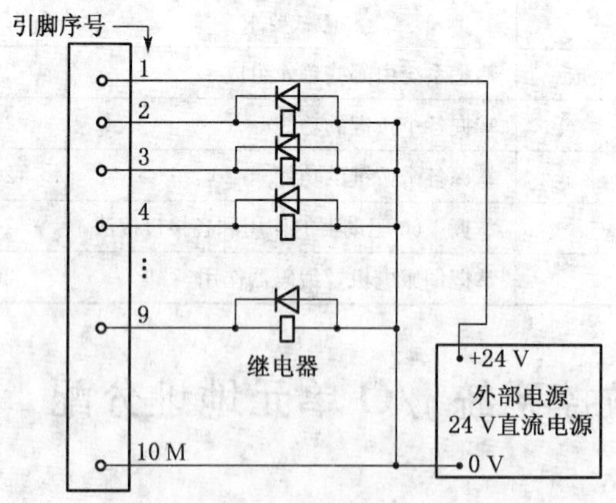

图 2.10 数字量输出接口电路

2.2.3 项目要求

(1) 断电情况下,在实验台上找出西门子 808D 系统,在 PPU 上面找到各个接口的位置。

(2) 断电情况下，根据PPU上各接口位置，参照教科书，逐步连接各个输入输出量。

(3) 断电情况下，观察PPU及外围器件，了解走线方式，插头连接等，查看是否有松动，破损情况，若有要及时处理。

(4) 一切正常方可上电，上电后系统进入正常状态，用万用表测试系统各部件电源电压，并将结果记录在图纸上的相应部件上。

2.2.4　项目实施步骤

(1) 西门子808D数控系统接口

在接线前，需要弄清楚相关接口及和相关接线端子的位置，如图2.11、图2.12所示，PPU的接线口位置，表2.1为PPU接口总表。

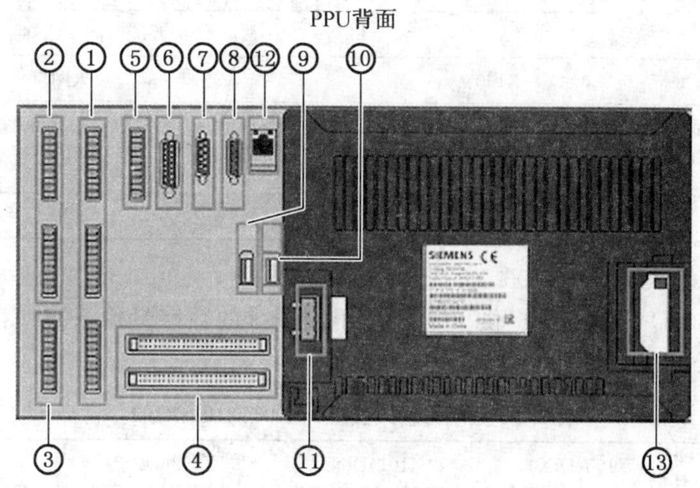

图2.11　PPU背面

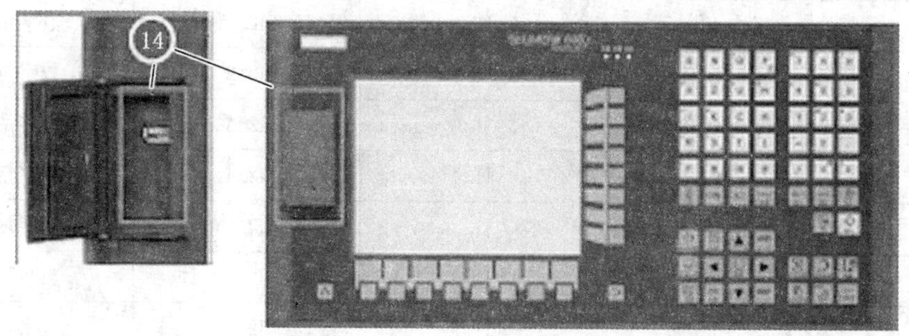

图2.12　PPU正面

表2.1　系统接口表格

图　例	接　口	注　释
	PPU背面	
①	X100,X101,X102	数字输入接口
②	X200,X201	数字输出接口

续表 2.1

图 例	接 口	注 释
③	X21	快速输入/输出接口
④	X301,X302	分布式输入/输出接口
⑤	X10	手轮输入接口
⑥	X60	主轴编码器接口
⑦	X54	模拟主轴接口
⑧	X2	RS232 接口
⑨	X126	Drive Bus 总线
⑩	X30	USB 接口,用于连接 MCP
⑪	X1	电源接口,+24V 直流电源
⑫	X130	以太网口
⑬	—	系统软件 CF 卡插槽
PPU 正面		
⑭	—	USB

(2) 数字量输入接口－X100、X101、X102

在西门子 808D PPU 上,提供了 3 个使用端子排的数字量输入接口:X100、X101 和 X102,如表 2.2、图 2.13 所示。

表 2.2 数字量输入接口－X100、X101、X102

针 脚	X100(DIN0)	X101(DIN1)	X102(DIN2)	注 释
1	N. C	N. C	N. C	未分配
2	I0. 0	I1. 0	I2. 0	数字量输入
3	I0. 1	I1. 1	I2. 1	数字量输入
4	I0. 2	I1. 2	I2. 2	数字量输入
5	I0. 3	I1. 3	I2. 3	数字量输入
6	I0. 4	I1. 4	I2. 4	数字量输入
7	I0. 5	I1. 5	I2. 5	数字量输入
8	I0. 6	I1. 6	I2. 6	数字量输入
9	I0. 7	I1. 7	I2. 7	数字量输入
10	M	M	M	外部接地

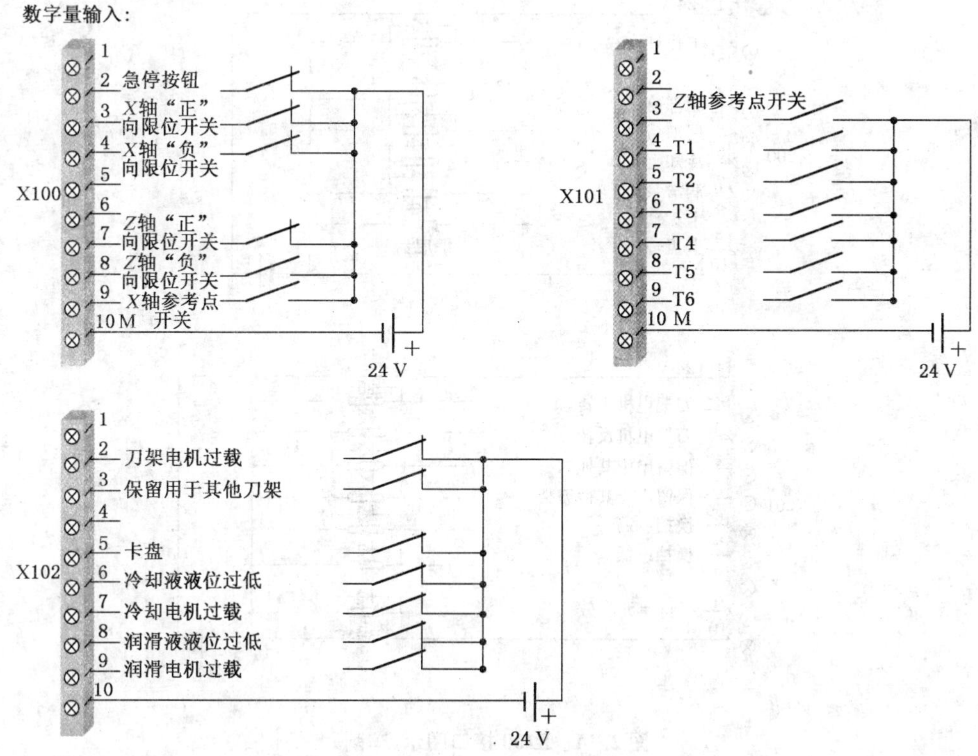

图 2.13　X102 接口图示(车削)

(3) 数字量输出接口—X200,X201

在西门子 808D PPU 上,提供了 2 个带有端子排的数字量输出接口 X200 和 X201,如表 2.3、图 2.14 所示。

表 2.3　数字量输出接口—X200,X201

针　脚	X200(DOUT0)	X201(DOUT1)	注　释
1	+24V	+24V	+24V 输入(20.4～28.8V)
2	Q0.0	Q1.0	数字量输出
3	Q0.1	Q1.1	数字量输出
4	Q0.2	Q1.2	数字量输出
5	Q0.3	Q1.3	数字量输出
6	Q0.4	Q1.4	数字量输出
7	Q0.5	Q1.5	数字量输出
8	Q0.6	Q1.6	数字量输出
9	Q0.7	Q1.7	数字量输出
10	M	M	外部接地

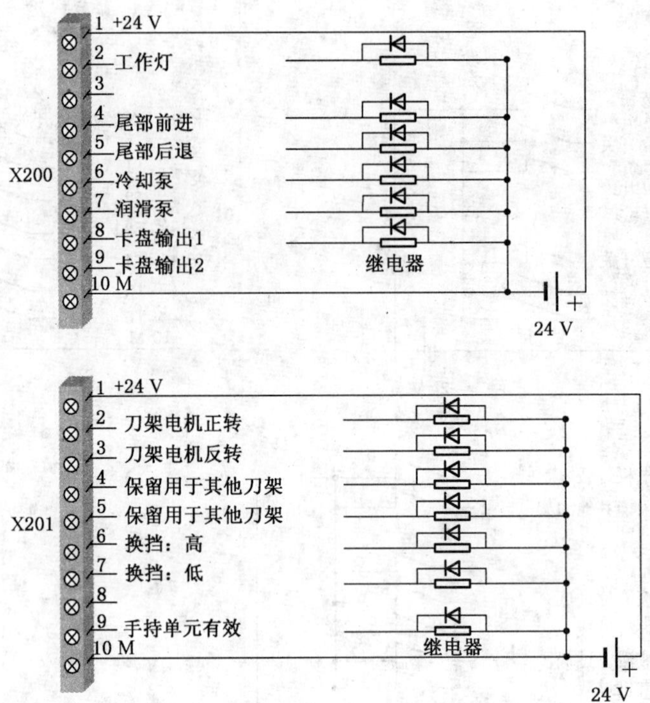

图 2.14　X200 接口图示(车削)

(4) 数字量快速输入输出接口－X21

西门子 808D PPU 上除了基本的 3 个数字量输入输出接口和 2 个带有端子排的数字量输出接口 X200 和 X201,还有 1 个数字量快速输入/输出接口 X21,如表 2.4、图 2.15 所示。

表 2.4　数字量快速输入输出接口－X21

图　示	针脚	信　号	注　释
1+24 V 2NCRDY_K2 3NCRDY_K2 4DI1 5DI2 6DI3 7DO1 8CW 9CCW 10M X21 FAST I/O	1	+24 V	+24 V 输入(20.4～28.8 V)
	2	NCRDY_1	NCRDY 触点 1
	3	NCRDY_2	NCRDY 触点 2
	4	Dl1	数字量输入
	5	Dl2	数字量输入
	6	BERO_SPINDLE 或者 Dl3	主轴 Bero 或者数字量输入
	7	DO1	快速输出
	8	CW	主轴顺时针旋转
	9	CCW	主轴逆时针旋转
	10	M	接地

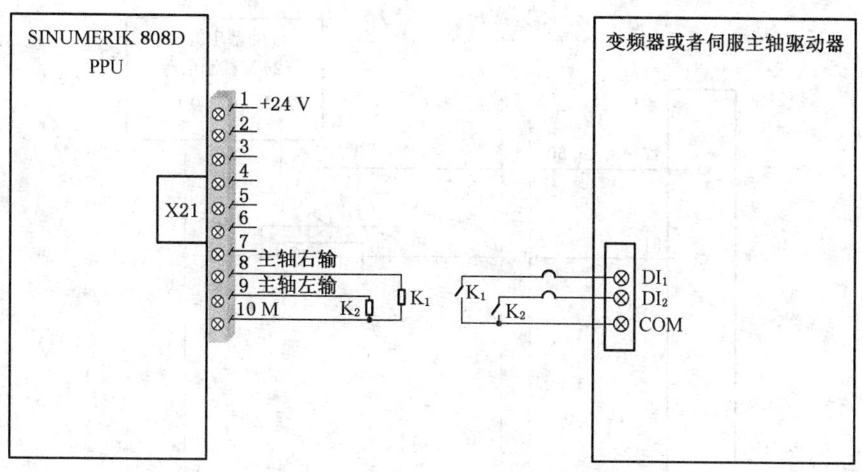

图 2.15　X21 连接图

(5) 数字量分布式输入输出接口—X301,X302

为了满足机床制造商和使用者的特殊需要,除了基本的 3 个数字量输入接口和 2 个数字量输出接口之外,西门子 808D PPU 上还配备了 2 个 50 针的数字量分布式输入/输出接口:X301 和 X302。图 2.16 和图 2.17 是 PPU X301 接线图,X302 接线方式与其相同。表 2.5 和表 2.6 分别是 X301 和 X302 输入/输出地址定义表。

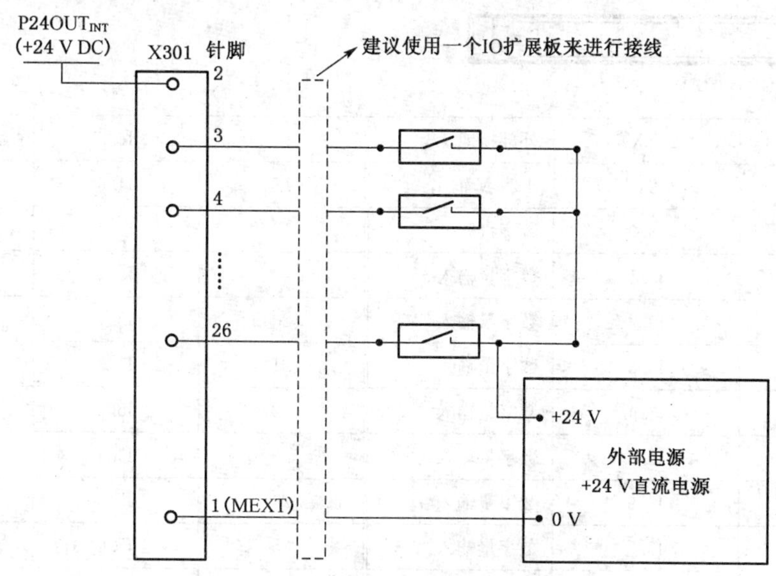

图 2.16　PPU X301 接线图(输入)

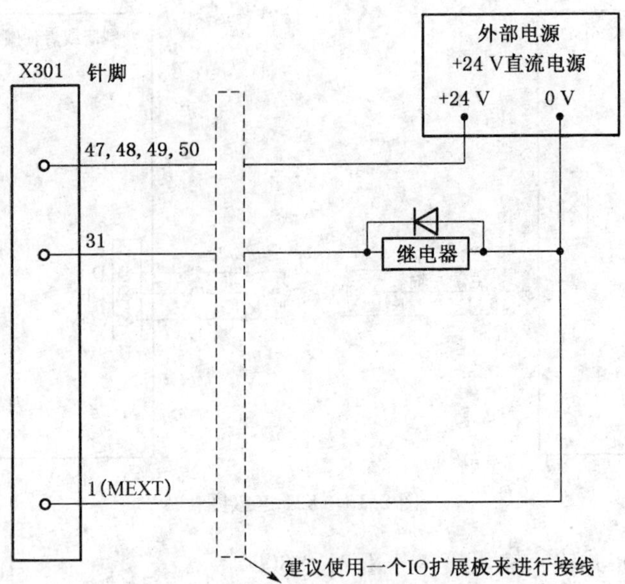

图 2.17　PPU X301 接线图(输出)

表 2.5　X301 输入/输出地址定义表

针　脚	信　号	注　释	针　脚	信　号	注　释
49 50 1 2 X301 DISTRIBUTED I/O 1					
1	MEXT	外部接地	16	I4.5	数字量输入
2	+24 V	+24 V 输出	17	I4.6	数字量输入
3	I3.0	数字量输入	18	I4.7	数字量输入
4	I3.1	数字量输入	19	I5.0	数字量输入
5	I3.2	数字量输入	20	I5.1	数字量输入
6	I3.3	数字量输入	21	I5.2	数字量输入
7	I3.4	数字量输入	22	I5.3	数字量输入
8	I3.5	数字量输入	23	I5.4	数字量输入
9	I3.6	数字量输入	24	I5.5	数字量输入
10	I3.7	数字量输入	25	I5.6	数字量输入
11	I4.0	数字量输入	26	I5.7	数字量输入
12	I4.1	数字量输入	27	—	未分配
13	I4.2	数字量输入	28	—	未分配
14	I4.3	数字量输入	29	—	未分配
15	I4.4	数字量输入	30	—	未分配

续表 2.5

针　脚	信　号	注　释	针　脚	信　号	注　释
31	Q2.0	数字量输出	41	Q3.2	数字量输出
32	Q2.1	数字量输出	42	Q3.3	数字量输出
33	Q2.2	数字量输出	43	Q3.4	数字量输出
34	Q2.3	数字量输出	44	Q3.5	数字量输出
35	Q2.4	数字量输出	45	Q3.6	数字量输出
36	Q2.5	数字量输出	46	Q3.7	数字量输出
37	Q2.6	数字量输出	47	+24 V	+24 V 输入
38	Q2.7	数字量输出	48	+24 V	+24 V 输入
39	Q3.0	数字量输出	49	+24 V	+24 V 输入
40	Q3.1	数字量输出	50	+24 V	+24 V 输入

表 2.6　X302 输入/输出地址定义表

49 50 1 2

X302　DISTRIBUTED I/O 2

针　脚	信　号	注　释	针　脚	信　号	注　释
1	MEXT	外部接地	18	I7.7	数字量输入
2	+24 V	+24 V 输出	19	I8.0	数字量输入
3	I6.0	数字量输入	20	I8.1	数字量输入
4	I6.1	数字量输入	21	I8.2	数字量输入
5	I6.2	数字量输入	22	I8.3	数字量输入
6	I6.3	数字量输入	23	I8.4	数字量输入
7	I6.4	数字量输入	24	I8.5	数字量输入
8	I6.5	数字量输入	25	I8.6	数字量输入
9	I6.6	数字量输入	26	I8.7	数字量输入
10	I6.7	数字量输入	27	—	未分配
11	I7.0	数字量输入	28	—	未分配
12	I7.1	数字量输入	29	—	未分配
13	I7.2	数字量输入	30	—	未分配
14	I7.3	数字量输入	31	Q4.0	数字量输出
15	I7.4	数字量输入	32	Q4.1	数字量输出
16	I7.5	数字量输入	33	Q4.2	数字量输出
17	I7.6	数字量输入	34	Q4.3	数字量输出

续表 2.6

针　脚	信　号	注　释	针　脚	信　号	注　释
35	Q4.4	数字量输出	43	Q5.4	数字量输出
36	Q4.5	数字量输出	44	Q5.5	数字量输出
37	Q4.6	数字量输出	45	Q5.6	数字量输出
38	Q4.7	数字量输出	46	Q5.7	数字量输出
39	Q5.0	数字量输出	47	+24 V	+24 V 输入
40	Q5.1	数字量输出	48	+24 V	+24 V 输入
41	Q5.2	数字量输出	49	+24 V	+24 V 输入
42	Q5.3	数字量输出	50	+24 V	+24 V 输入

(6) 手轮输入－X10

西门子 808D PPU 为手轮配备了专用的连接接口 X10,最多可以同时连接并使用两个电子手轮,如表 2.7、图 2.18 所示。

表 2.7　手轮输入－X10

图　示	针　脚	信　号	注　释
1 1A 2-1A 3 1B 4-1B 5+5 V 6 M 7 2A 8-2A 9 2B 10-2B X10 HAND WHEEL	1	1A	A1 相脉冲、手轮 1
	2	－1A	A1 相脉冲负、手轮 1
	3	1B	B1 相脉冲、手轮 1
	4	－1B	B1 相脉冲负、手轮 1
	5	+5A	+5A 电源输出
	6	M	接地
	7	2A	A2 相脉冲、手轮 2
	8	－2A	A2 相脉冲负、手轮 2
	9	2B	B2 相脉冲、手轮 2
	10	－2B	B2 相脉冲负、手轮 2

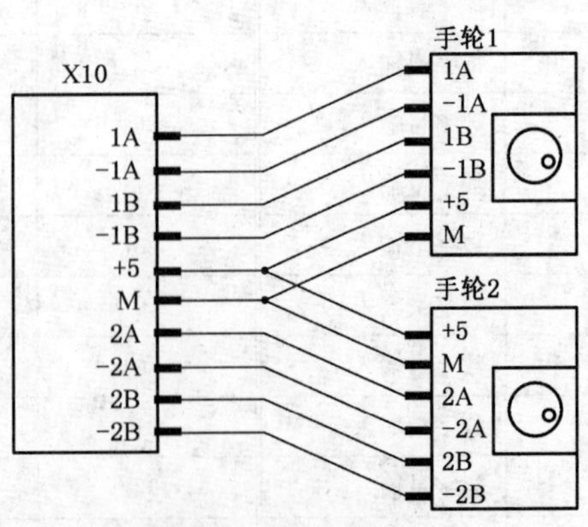

图 2.18　X10 接线图

(7) 电源接口 X1(见表 2.8)

西门子 808D PPU 使用 24V 直流电源进行供电,接口 X1 作为西门子 808D PPU 直流

24V 电源的供电接口。

表 2.8　X1 接口

图　示	针脚 1	信　号	名　称	注　释
X1 10 0V 24V 0V 40 24V	1	24 V	P24	+24 V
	2	0 V	M24	0 V
	3	24 V	P24	+24 V
	4	0 V	M24	0 V
	X1 0 V 24 V 0 V 24 V 24 V 注意： 0 V 端子以及 24 V 端子均在内部并联。因此，您可以使用任意 24 V～0 V 组合来连接 24 V 电源			

(8) 西门子 808D PPU 与 MCP 通信接口 X30/X10(见表 2.9)

西门子 808D PPU 与 MCP 之间通过一根 USB1.1 通信电缆进行通信连接，在西门子 808D PPU 上的 USB 接口为 X30；而在西门子 808D MCP 上的 USB 接口为 X10。

表 2.9　X30 接口

图　示	针　脚	信号名称	信号类型	注　释
X30 MCP	1	P5_USB0	VO	5 V 电源
	2	DM_USB0	输入/输出	USB 数据−
	3	DP_USB0	输入/输出	USB 数据+
	4	M	VO	接地

(9) 西门子 808D PPU 上的其他接口

除了上述接口外，西门子 808D PPU 上还有几个主要接口，USB 通信接口，电池及 CF 卡卡槽接口，表 2.10 是面板 USB 接口，图 2.19 和图 2.20 分别是电池接口和 CF 卡槽。

表 2.10　USB 接口

图　示	针　脚	信号名称	信号类型	注　释
	1	P5_USB0	VO	5 V 电源
	2	DM_USB0	输入/输出	USB 数据−
	3	DP_USB0	输入/输出	USB 数据+
	4	M	VO	接地

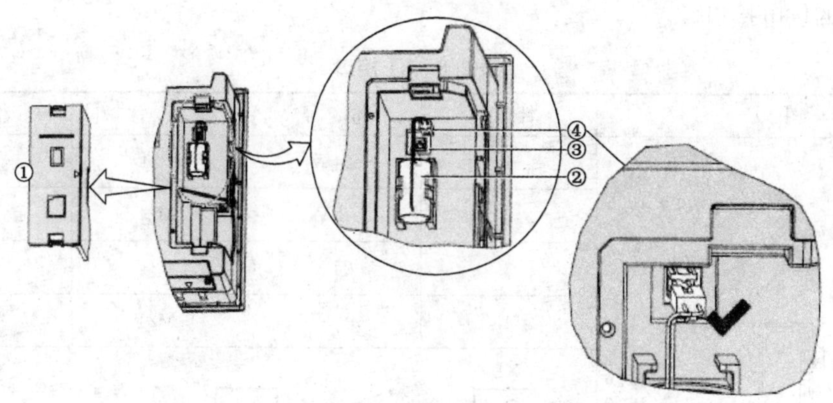

图 2.19　电池接口

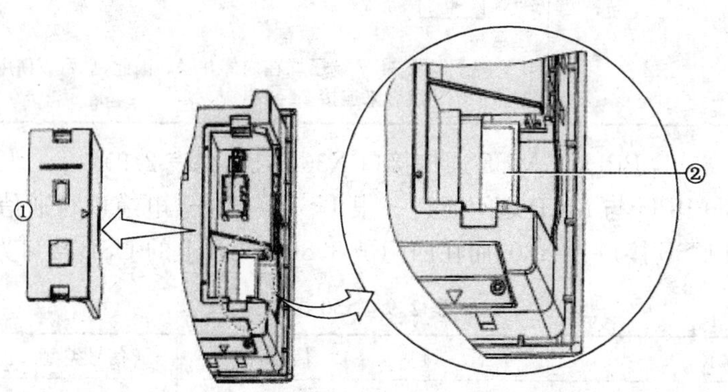

图 2.20　CF 卡槽

2.2.5　项目的考核与验收

序号	考核内容	考核要求	所占比重(%)	备　注
1	808D PPU 上端口	PPU 上各端口的功能定义	20	
2	端口的功能	掌握数字量输入输出端口的地址及功能	20	
3	端口的功能	I/O 接口的技术要求及连接方法	20	
4	端口的功能	24V 电源的连接	20	
5	接线	使用万用表检查接线的正确性	20	

单元3　数控机床辅助功能编程与调试

3.1　机床冷却控制

3.1.1　项目教学目的

(1) 熟悉数控机床冷却控制的硬件电路；
(2) 熟悉数控机床冷却控制过程中的主要信号及其作用；
(3) 了解数控机床冷却开关的控制流程；
(4) 掌握数控机床冷却 PLC 控制程序的设计方法；
(5) 掌握数控机床冷却 PLC 控制程序的调试步骤。

3.1.2　项目背景知识

在加工过程中刀具和工件的剧烈摩擦常常使温度急剧升高而导致刀具磨损加快，寿命减短，因此在加工过程中浇注切削液是延长刀具寿命的重要保障之一。冷却系统有液冷和气冷，将液冷和气冷结合生成雾冷，实现对刀具冷却降温。一般数控机床上的刀具冷却系统由冷却液存箱、冷却泵、过滤器、电磁阀、管路等构成，有些数控机床为了特殊加工的需要，还同时配备了压缩空气冷却系统，各种不同的冷却方式用于不同的刀具、材料和加工需求。

冷却系统的液冷和气冷可以分别启动，也可以同时启动。刀具冷却系统可以在手动方式或自动方式下工作。在手动方式下，操作人员可以通过机床操作面板 MCP 上的操作键启动或停止冷却系统；在自动方式下可以通过零件程序中的辅助指令启动或停止。在数控标准中规定，辅助功能 M07 为第一介质启动，M08 为第二介质启动，M09 为冷却停止。加工程序中的辅助功能 M 代码经译码后存放到 NCK 与 PLC 的接口 DB2500. DB1000～DB2500. DB1012 中，PLC 通过检测这些接口信号就可获知来自 NCK 通道的对应的 M 功能。

3.1.3　项目要求

(1) 数控机床的手动冷却控制要求

在加工过程中按一下机床操作面板上的冷却按钮，冷却液打开，冷却按钮上的指示灯点亮；再按一下该按钮，冷却液关闭，冷却按钮上的指示灯熄灭。

(2) 数控机床的冷却自动控制要求

加工过程中完全手动控制冷却液既不符合数控机床高柔性，智能化的特点，也达不到冷却液适时添加的需求，冷却液的利用率不高，因此冷却液的自动控制是数控机床的基本要求之一。

① 若加工程序中存在 M07、M08 指令，冷却液开，若存在 M09 指令，冷却液关；

② 相应指示灯有效。

(3) 其他控制要求

机床运行过程中，如有急停、复位命令发生，或机床工作在程序测试模式下，则不运行冷却系统。另外，还需有必要的报警功能，如发生冷却泵过载、冷却液液位过低的故障，应该在显示器 HMI 上显示报警号，并停止正进行的冷却。

3.1.4 项目实施步骤

(1) 机床的 I/O 信号连接配置

数控机床的冷却系统与数控系统内置 PLC 之间的 I/O 信号主要包括两类，一类是输入信号，对冷却液存储箱中的冷却液液位和冷却泵运行是否过载进行检测，以便对冷却系统运行过程中的故障进行及时报警并处理；另一类是输出信号，在冷却系统中控制冷却泵的启动和停止。在西门子提供的标准操作面板上分配了冷却液的开启、关闭按键和状态 LED 指示灯，其信号地址为 DB1000. DBX1. 2 和 DB1100. DBX1. 2。综上所述，冷却系统的输入和输出信号地址分配如表 3. 1 所示。

表 3. 1 机床冷却的 I/O 地址分配表

PLC I/O 地址	描 述
I5. 4	冷却液液位过低
I5. 5	冷却泵电机过载
Q2. 4	冷却泵控制继电器

(2) 机床冷却电路图

冷却液电气控制原理图如图 3. 1 所示，在手动启动冷却液开关后，经过数控系统内置 PLC 处理，使得 Q2. 4 接通，根据控制原理图，Q2. 4 接通，中间继电器 KA_1 的线圈通电，KA_1 的线圈一通电，其常开触点就闭合，从而接触器 KM_1 的线圈通电，KM_1 的线圈一通电，在接通机床电源开关 QS_1、并且冷却电机不过载的情况下即热继电器 FR 常闭触点接通的情况下，冷却泵接通，冷却液开启成功。如 PLC 输入点 I5. 4、I5. 5 检测到发生了冷却泵过载、冷却液液位过低的故障情况，通过执行 PLC 控制程序使得 Q2. 4 无输出，即 KA_1 断电，KA_1 常开触点复位断开，KM_1 线圈断电，其在主电路中的主触点切断冷却泵的电源，冷却系统关闭。

(3) 机床冷却控制流程图

数控机床上的冷却系统需要在手动和自动方式下均能实现启动和停止控制。手动方式下操作机床操作面板上定义的冷却启动/停止键来控制冷却系统的运行，在自动方式下则由编程操作人员编写的加工程序中的 M 辅助功能代码 M07、M08、M09 来控制冷却系统的运行。另外，在机床急停、复位、程序停止 M02/M30、程序仿真、冷却系统发生故障的情况下均要停止冷却系统的工作。按照上述功能，数控机床的冷却控制流程图如图 3. 2 所示。

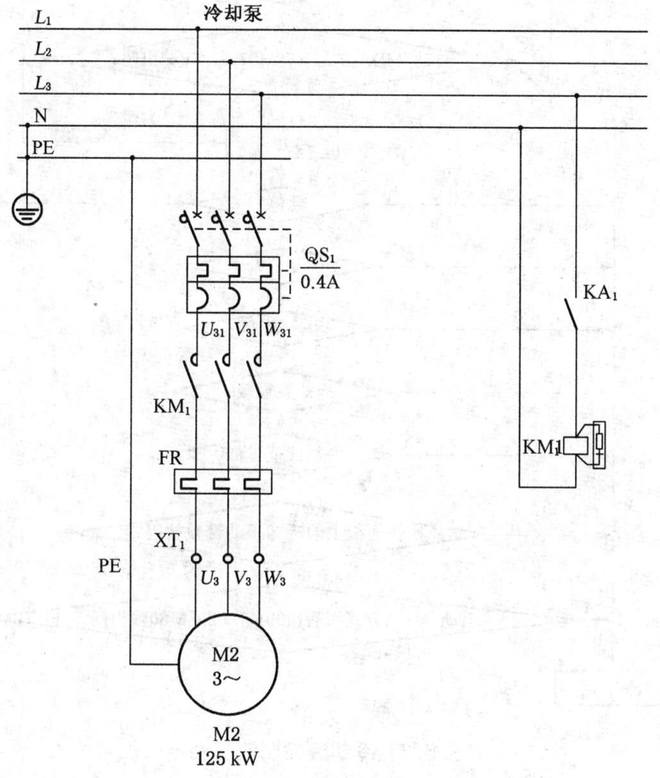

冷却泵
L_1
L_2
L_3
N
PE
QS_1
0.4A
KA_1
U_{31} V_{31} W_{31}
KM_1
KM_1
FR
XT_1
PE
U_3 V_3 W_3
M2
3～
M2
125 kW

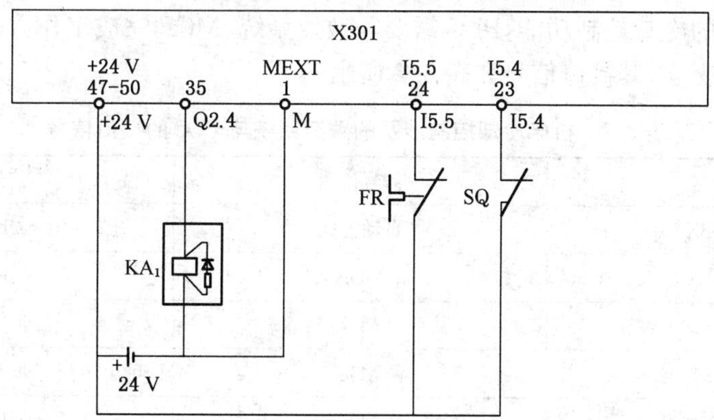

冷却泵控制继电器
冷却泵过载
冷却液液位
X301
+24 V
47-50
35
MEXT
1
I5.5
24
I5.4
23
+24 V
Q2.4
M
I5.5
I5.4
FR
SQ
KA_1
24 V

图 3.1　冷却液控制电路

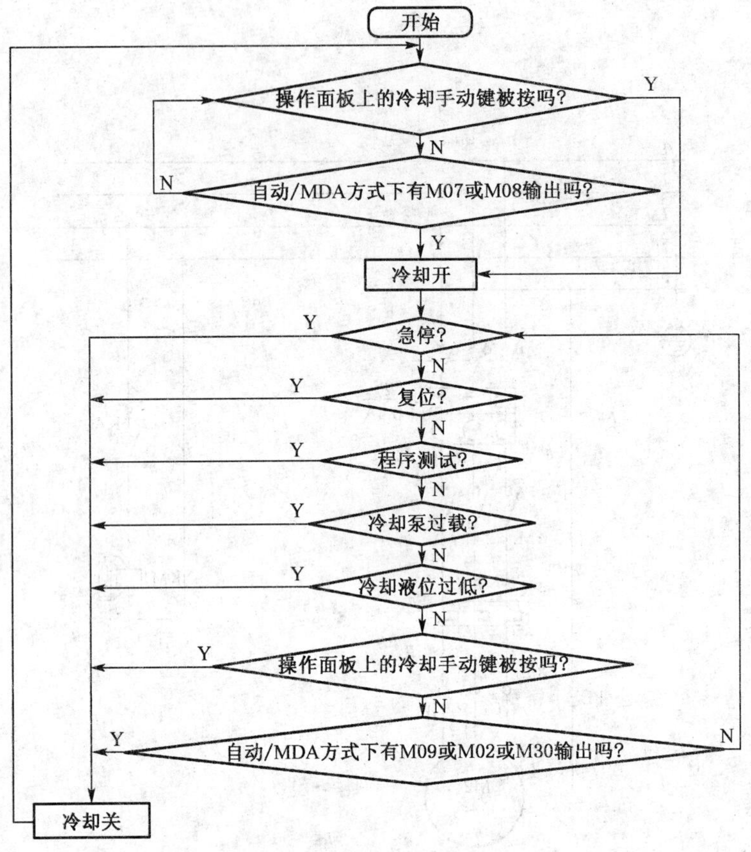

图 3.2　冷却液控制流程图

(4) 机床冷却控制涉及的数控系统与 PLC 的接口信号

要完成机床的冷却控制功能,PLC 需要与数控系统、MCP 完成工作方式、M 代码、报警号显示等信号的交互,其接口信号如表 3.2 所示。

表 3.2　机床冷却控制涉及的数控系统与 PLC 的接口信号

接口信号	信号说明	信号方向
DB3100. DBX0. 0	自动方式	NCK→PLC
DB3100. DBX0. 1	MDA	NCK→PLC
DB2500. DBX1000. 7	M07	NCK→PLC
DB2500. DBX1001. 0	M08	NCK→PLC
DB2500. DBX1001. 1	M09	NCK→PLC
DB2500. DBX1000. 2	M02	NCK→PLC
DB2500. DBX1003. 6	M30	NCK→PLC
DB2700. DBX0. 1	急停	NCK→PLC
DB3000. DBX0. 7	复位	PLC→NCK

续表 3.2

接口信号	信号说明	信号方向
DB3300.DBX1.7	程序测试	PLC→NCK
DB1000.DBX1.2	MCP 冷却液启动/关闭键	from MCP
DB1100.DBX1.2	MCP 冷却液启动/关闭指示灯	to MCP
DB1600.DBX2.2	700018 报警号冷却泵过载	PLC→HMI
DB1600.DBX2.3	700019 报警号冷却液液位低	PLC→HMI

(5) 机床冷却控制 PLC 程序解析

PLC 程序的功能是：在手动方式下通过操作 MCP 上的按键启动或停止冷却；或者在自动方式、MDA 方式下由零件程序中的辅助功能 M07 或 M08 启动冷却，由 M09 停止冷却；在急停、冷却电机过载、程序测试下，冷却被禁止。该 PLC 程序可激活冷却泵过载报警 700018 和冷却液液位过低报警 700019。

为了提高 PLC 程序的可阅读性，在编制 PLC 程序时需对相应状态位、数据位作必要的注解，有关 NCK 与 PLC 的接口信号和 PLC 的 I/O 地址分配可参阅上面相关小节，涉及的数据地址定义如表 3.3 所示。

表 3.3　机床冷却 PLC 控制程序数据地址定义表

数据地址	符号名称
M150.0	冷却开关状态位
M150.1	中间状态位

网络 1、网络 4：在加工过程中按一下机床操作面板上定义的冷却液开启和停止键 DB1000.DBX1.2，冷却液开关状态位 M150.0 有效，连接控制冷却泵启动的中间继电器的输出点 Q2.4 有效，冷却液打开，冷却按钮上的指示灯 DB1100.DBX1.2 点亮；再按一下该按钮，冷却液关闭，冷却按钮上的指示灯熄灭。此两段网络实现了在加工过程中以手动方式控制冷却液的开启和关闭(见图 3.3)。

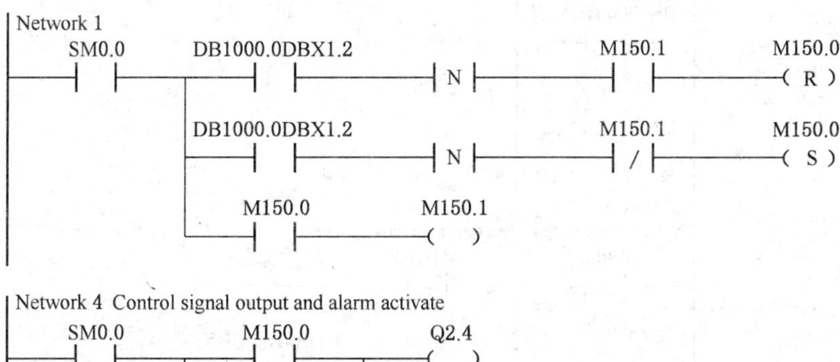

图 3.3　控制冷却的 PLC 程序 1

网络 2、网络 4:在自动、MDA 方式下,加工程序中的 M07、M08、M09、M02、M30 代码经 NCK 译码处理后,通过 NCK 通道传递给 PLC。如果是 M07(DB2500. DBX1000. 7)或 M08(DB2500. DBX1001. 0),则置位 M150. 0,冷却液打开;如果是 M09(DB2500. DBX1001. 1)、M02(DB2500. DBX1000. 2)、M30(DB2500. DBX1003. 6),复位 M150. 0,则关闭冷却液(见图 3. 4)。

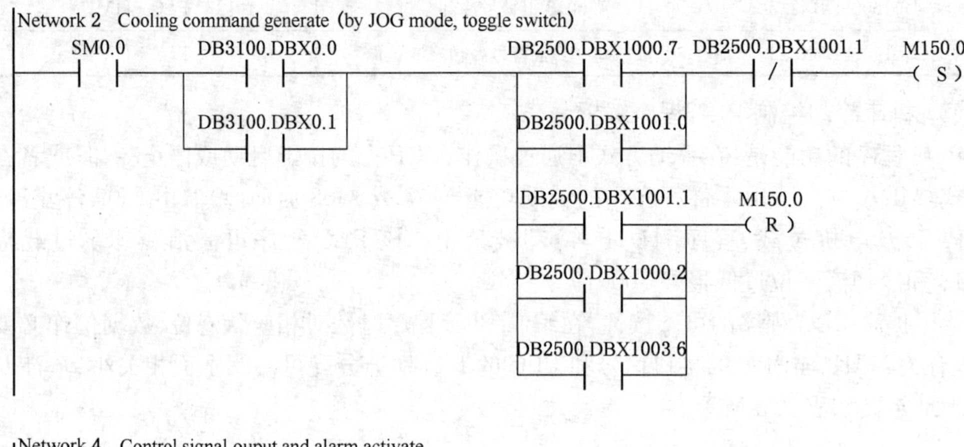

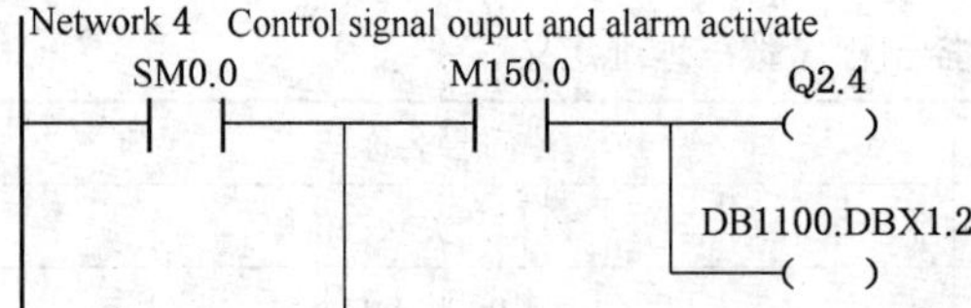

图 3. 4　控制冷却的 PLC 程序 2

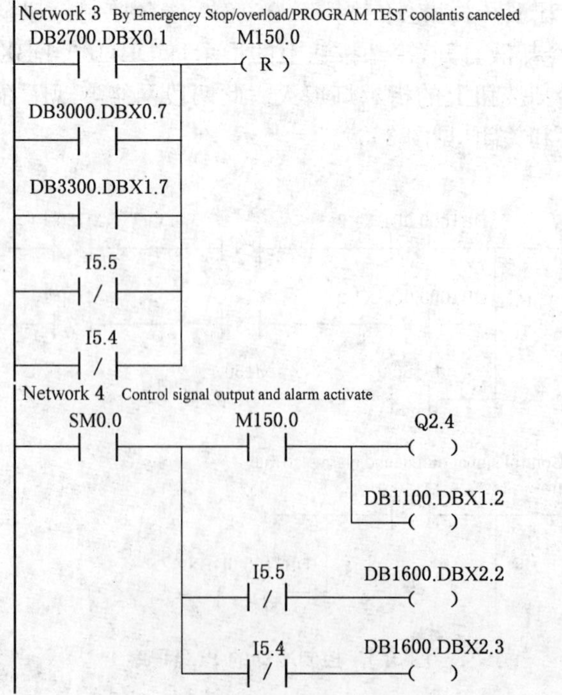

图 3. 5　控制冷却的 PLC 程序 3

网络 3、网络 4：在冷却液开启过程中，如遇到急停(DB2700. DBX0. 1)、复位(DB3000. DBX0. 7)、程序测试(DB3300. DBX1. 7)，复位 M150. 0，关闭冷却液。如遇到冷却泵过载(连接在主电路中的热继电器的常闭触点断开，使得 PLC 输入点 I5. 5 无效)、冷却液液位过低(I5. 4 无效)，则在关闭冷却液的同时，在显示器 HMI 上显示对应的报警号(DB1600. DBX2. 2 对应报警号 700018 冷却泵过载，DB1600. DBX2. 3 对应报警号 700019 冷却液液位过低)，提示操作人员进行故障检查和排除(见图 3. 5)。

3. 1. 5　项目的考核与验收

序　号	考核内容	考核要求	所占比重	备　注
1	数控机床冷却基本原理知识	机床冷却的目的和要求； 机床冷却流程；	10	
2	数控机床冷却电气控制电路	机床冷却电气控制电路设计； 机床冷却电气控制电路硬件故障的诊断和排除；	15	
3	数控机床冷却换挡接口信号	机床冷却接口信号的作用； 机床冷却接口信号的使用；	15	
4	机床冷却 PLC 程序流程图	机床冷却程序流程图的设计	10	
5	数控机床冷却 PLC 控制程序的分析	体会根据流程图组织 PLC 程序； 机床冷却 PLC 控制程序段的阅读和分析； 体会中间变量的作用； 机床冷却 PLC 控制程序故障的诊断和排除；体会 PLC 用户报警的作用。	35	
6	数控机床冷却 PLC 控制程序的设计	机床冷却 PLC 控制程序段的修改和设计； PLC 用户报警的制作。	15	

单元 4　数控机床主轴功能编程与调试

4.1　主轴速度控制

4.1.1　项目教学目的

(1) 熟悉数控机床主轴速度控制的硬件电路；

(2) 熟悉数控机床主轴速度控制过程中的主要信号及其作用；

(3) 了解数控机床主轴速度的控制时序；

(4) 掌握数控机床主轴速度 PLC 控制程序的设计方法；

(5) 掌握数控机床主轴速度 PLC 控制程序的调试步骤。

4.1.2　项目背景知识

主轴是机床高速旋转的运动机构，是机床的关键部件，其性能直接影响零件的加工质量。在实际加工过程中，很多具有特殊用途的车床、铣床和加工中心，对于不同的材料，为了保证零件的表面粗糙度、形位公差及切削力等，其主轴需要以不同的转速工作，即数控机床主传动要有较宽的调速范围。数控机床常采用 1～5 挡齿轮变速与无级调速相结合的方式获取不同的转速。有级调速是仅提供有限级别的速度，一般在数控系统参数区设置 M41～M45五挡对应的速度范围；无级调速是在各挡速度范围内可以任意指定速度。数控机床的主轴变挡齿轮箱比传统机床的主轴箱要简单得多，液压拨叉和电磁离合器是主轴变挡齿轮箱两种常用的变挡方法。

数控系统的默认设定是自动换挡，即换挡是根据零件程序中的主轴速度指令，以及机床参数中定义的主轴每挡调速范围来确定的。辅助功能 M41～M45 用于强制换挡，M41 表示换到第 1 挡，M45 表示换到第 5 挡。当加工程序运行到指令 M41～M45 或 Sxxxx 速度指令时，生成换挡指令，PLC 完成相应的换挡后，置 M 完成信号变为有效（高电平），通知 CNC 装置 M 控制代码已经执行，换挡工作完成，数控系统依据参数设置中确定的各挡主轴调速范围，自动输出对应新速度的模拟电压控制信号，使主轴转速为给定的编程速度值。

数控系统的主轴具有三种控制方式：速度控制方式、摆动控制方式（主轴蠕动）和位置控制方式。主轴的速度控制需要主轴运行在速度控制方式和摆动方式下。在速度控制方式下，主轴的转速由编程指令 S 确定，如 S2000 表示主轴转速为 2 000 r/min；摆动方式用于主轴换挡。激活主轴摆动方式的编程指令有辅助功能 M41～M45（对应于主轴的第 1 挡到第 5 挡)或者辅助功能指令 S,数控系统根据机床参数中定义的每挡最高速度和最低速度自动确定主轴挡位。

本项目以西门子 808D 数控系统控制主轴变速换挡为例来说明数控机床主轴速度控制的问题,下面介绍 808D 数控系统对主轴变速换挡实现速度控制的原理。

基于 808D 数控系统的一个主轴可以设置五个变速挡,具体根据主轴箱变速机构而定。如果主轴直接与电机相连(1 : 1),或者主轴到电机的传动比已经固定不变,则机床数据 MD35010 GEAR_STEP_CHANGE_ENABLE(可以进行变速换挡)必须置零。

变速挡预选:变速挡的预置可以由以下两种方法进行,一是通过零件程序 M41 到 M45 强制指定目标挡位,二是通过编程的主轴速度 S 自动进行(M40)目标挡位的确定。主轴换挡过程中,PLC 用户接口(即相应的数据区 DBxxxx)通过 PLC 用户程序将信号与 NCK 的数据进行交换,对使用者而言这是自动进行的,本文示例的主轴轴号为 3。

(1) 通过零件程序(M41 到 M45)指定固定的目标挡位

可以在零件程序中用 M41～M45 指令对应第一挡到第五挡,即指定固定的目标挡位进行强制换挡。从当前的变速挡转换到 M41～M45 所确定的变速挡,NCK 与 PLC 之间的信号交互可以通过两种方式实现:一是设置接口信号"变速换挡"(DB3903. DBX2000. 3)和信号"给定变速挡 A 到 C"(DB3903. DBX2000. 0～DB3903. DBX2000. 2);二是设置接口信号"变速换挡"(DB3903. DBX2000. 3)和 M 功能代码编码值(DB2500. DBD3000)。编程的主轴转速(S 功能)就与给定的变速挡相关,如果所编程的主轴转速大于变速挡的最大转速,则主轴转速限制为当前挡位的最大转速,并设置接口信号"限制给定转速"(DB3903. DBX2001. 1);如果所编程的转速小于该变速挡的最小转速,则将转速提高到该挡位的最小转速,并设置接口信号"提高给定转速"(DB3903. DBX2001. 2)。

【例 1】 采用强制换挡的 M 指令:

G01 X200 Y100 Z60 F1000

M42;如原来主轴速度在其他挡位,则此指令强制主轴换到第 2 挡

M03 S2000

当 NCK 执行到加工程序中的换挡指令 M42 时,强制主轴换到第 2 挡,并设置如表 4. 1 接口信号。

表 4. 1　换挡位 2 命令 PLC 接口信号设置表

挡　位	M 代码	DB3903. DBB2000			
		位 3	位 2	位 1	位 0
第二挡	M42	1	0	1	0

在主轴使用齿轮挡位功能时,设置了全部齿轮挡位的控制参数(见表 4. 8),表中设置了挡位 2 的最大速度极限和最小速度极限,编程的主轴转速 2 000 r/min 与给定的挡位相关,如该转速大于挡位 2 的最大转速极限或小于挡位 2 的最小转速极限,则只能是主轴转速限制为挡位 2 的最大转速极限或主轴转速提高到挡位 2 的最小转速值极限运行,并设置对应的接口信号 DB3903. DBX2001. 1 或 DB3903. DBX2001. 2。

图 4. 1 给出了采用上述两种方式获取目标挡位的范例程序。

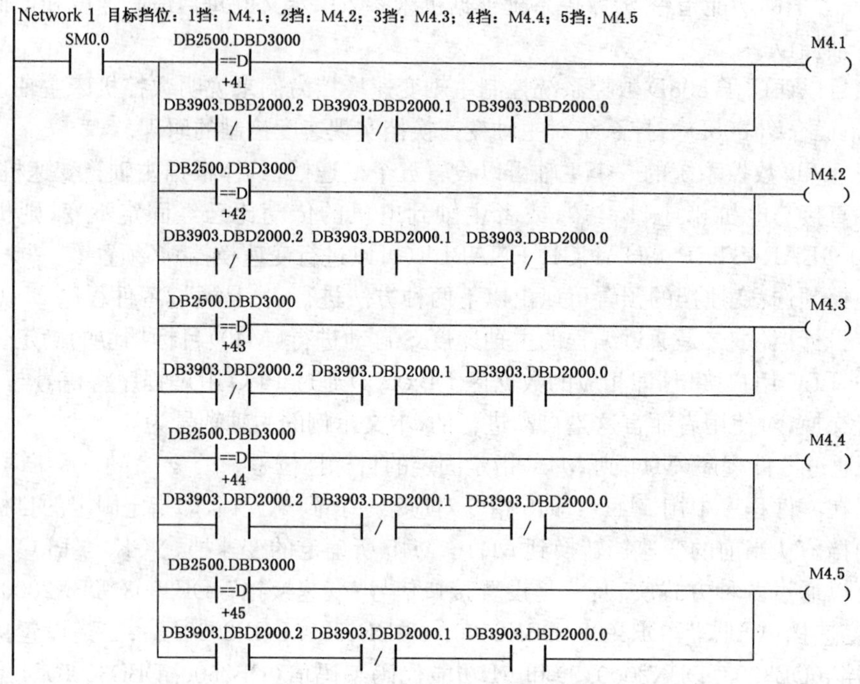

图 4.1　获取目标挡位范例程序

(2) 通过编程的主轴速度(S 功能)自动确定目标挡位(M40)

自动确定目标挡位必须在主轴速度连续运行方式下，且有主轴转速指令的前提下(系统默认的是自动确定目标挡位可以没有 M40 指令，但如加工程序已指定过 M41～M45，则变为自动确定目标挡位需要有 M40 指令)。在调试过程中，需要通过设定机床参数 MD35110[n]和 MD35120[n]来指定自动齿轮换挡时主轴的转速，n 取值为 1～5，分别对应第一挡～第五挡。MD35110 是换挡时的最大速度，当使用指令(M40 Sxxxx)进行换挡，转速高于此参数设置值时，激发齿轮挡向高挡位进行换挡；MD35120 是换挡时的最小速度，同样当使用指令(M40 Sxxxx)进行换挡，转速低于此参数设置值时，激发齿轮挡向低挡位进行换挡(见图 4.2)。在确定每个齿轮挡的转速范围时，各个范围可以有所重叠，但不能留下转速空隙，即相邻两挡位的低挡位的换挡最大速度 MD35110[m]必须大于高挡位的换挡最小速度 MD35120[m+1](m 取值为 1～4)。只要编程的主轴转速(S 功能)小于当前挡位的最小转速或者大于当前挡位的最大转速，数控系统就会自动确定目标挡位可能位于哪一个变速挡上，如果所确定的变速挡不是当前的变速挡，也就是说当前的变速挡要进行换挡，则设置接口信号“变速换挡”(DB3903.DBX2000.3)和“设定变速挡 A 到 C”(DB3903.DBX2000.0 到.2)。

控制器在自动选择变速挡时按照如下过程进行：编程的主轴转速首先与当前变速挡的最小值和最大值进行比较。如果比较结果为正，表示编程的主轴转速在当前挡位的最小值和最大值之间，则不给出新的变速挡位，即不需要换挡。如果比较结果为负，表示编程的主轴转速不在当前挡位的最小值和最大值之间，则从主轴第一挡开始到第五挡结束，逐挡进行比较，直到结果为正，并设置对应的 PLC 接口信号“设定变速挡 A 到 C”(DB3903.DBX2000.0～DB3903.DBX2000.2)和信号“变速换挡”(DB3903.DBX2000.3)。如已经换

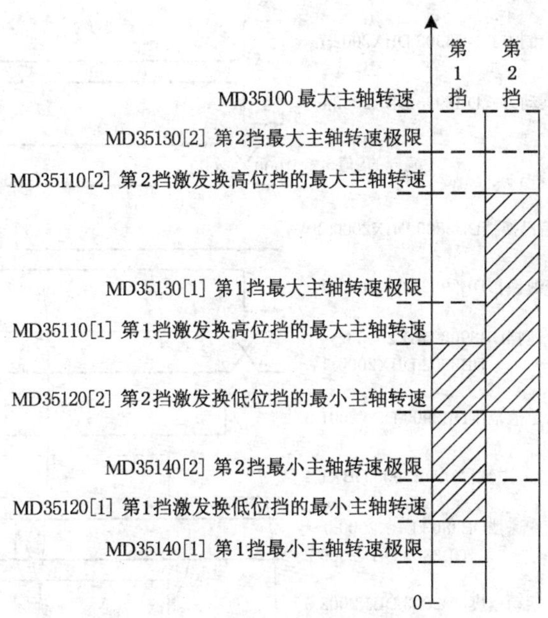

图 4.2　自动换挡时转速范围说明(M40)

挡到第五挡比较结果仍不为正,则不进行变速换挡。主轴转速限制为当前变速挡位的最大转速,并设置接口信号"限制给定转速"(DB3903. DBX2001. 1),或者提高到当前变速挡位的最小转速,并设置接口信号"提高给定转速"(DB3903. DBX2001. 2)。

【例 2】 采用 S 速度指令:

G01 X200 Y100 Z60 F1000 S500 M03 ;主轴在第一挡

X100 Y－35

S2000;主轴需要换到第二挡

不管是通过 M40 和 S 指令自动确定目标挡位,还是通过 M41 到 M42 强制指定目标挡位,808D 数控系统只有在主轴停止时才能切换新的变速挡位,即数控系统接收到主轴变速换挡的要求时,先停止主轴,再进行挡位的切换。

当有换挡要求时,NCK 设置 DB3903. DBX2000. 3 接口信号"齿轮换挡"向 PLC 发出换挡请求。PLC 接收到请求后,设置 DB3803. DBX4. 3 停止主轴,设置 DB3200. DBX6. 0 禁止进给,设置 DB3200. DBX6. 1 禁止读入,NC 加工程序暂停,NCK 等待主轴换挡完成再往下执行加工程序。当主轴停止时,接口信号"主轴停止"DB3903. DBX0001. 4 有效,PLC 置位接口信号"摆动速度"(DB3803. DBX2002. 5)启动主轴摆动,主轴摆动运行方式有利于主轴换挡时变速箱中齿轮的啮合。当 PLC 检测到目标挡位的检测开关时,PLC 置位 DB3803. DBX2000. 3"变速箱已换挡"接口信号,使 NCK 获悉此次换挡结束,另外 PLC 还复位 DB3803. DBX2002. 5"摆动速度",主轴摆动运行方式结束,主轴恢复到换挡前的运行方式,将按照新的主轴速度指令运行;同时,PLC 设置接口信号 DB3803. DBX2000. 0～DB3803. DBX2000. 2,由 PLC 通知 NCK 当前挡位。NCK 获悉此次换挡结束后,自动复位 DB3903. DBX2000. 3,确认换挡完成,零件程序中的下一个程序段可以开始运行。典型的变速换挡的时序过程如图 4. 3 所示。

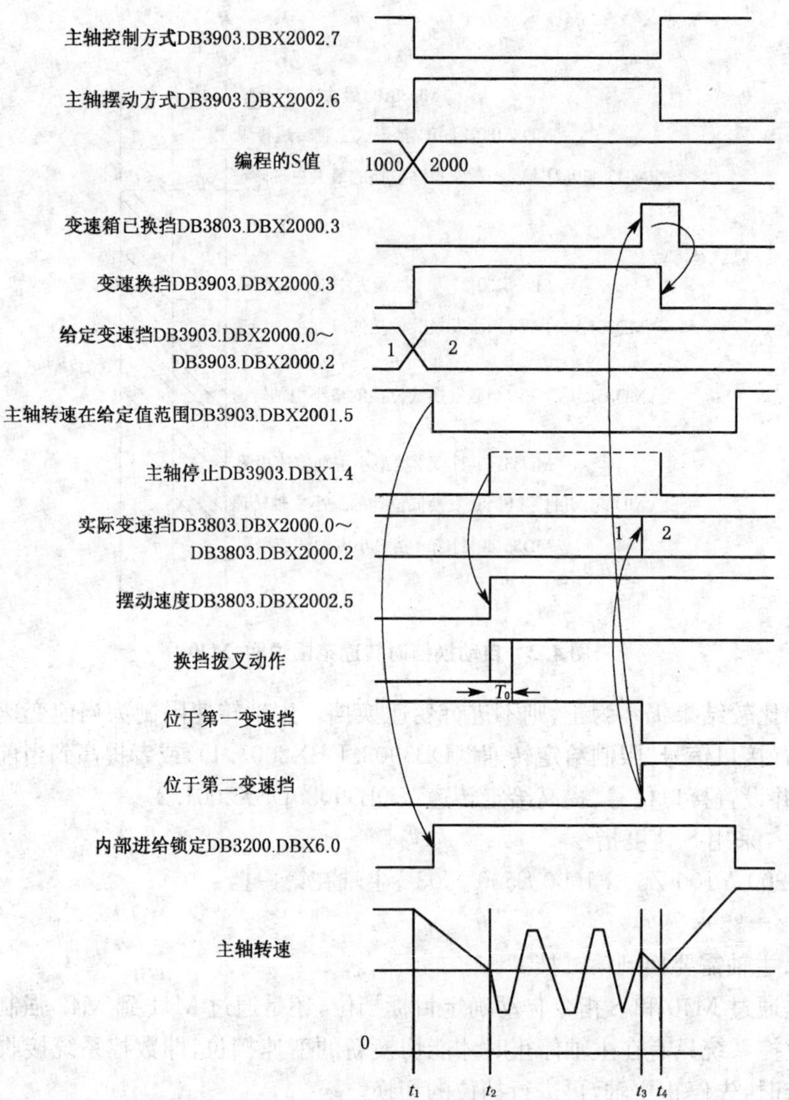

图 4.3 主轴停止、变速换挡时序图

在 t_1 时间，NCK 读入编程的 S2000 代码，NCK 识别为主轴第二变速挡，设置信号“给定变速挡”、“变速换挡”，主轴处于摆动运行方式，并锁定下一零件程序段的处理，直至主轴换挡完成，并且到达编程的主轴转速时执行之后的加工程序。

在 t_2 时间，主轴停止，摆动转速信号最迟在 t_2 时设置，此信号启动主轴摆动，不设定信号 DB3803. DBX2002. 4 则摆动由 NCK 实现，否则摆动通过 PLC 控制，摆动时间与速度通过相应的机床数据进行设定。主轴摆动开始，PLC 应用程序根据换挡机构的需要延时 T_0 时间后就可以控制换挡电磁阀动作。

在 t_3 时间，新挡位(第二变速挡)到位，PLC 用户根据挡位检测开关设置“实际变速挡”传送给 NCK，同时设置接口信号“变速箱已换挡”，表示已完成变速换挡，NCK 复位“变速换挡”信号。

在 t_4 时间，NCK 接收到“变速箱已换挡”接口信号，虽然“摆动速度”仍设置，但摆动运行方式结束，主轴再次进入控制方式运行，编程的主轴转速及方向信号再次生效，释放下一个用于加工的零件程序段并使主轴加速到新的 S 值(S2000)。

4.1.3　项目要求

本项目的主轴变速箱采用液压拨叉的方式变换齿轮组的不同啮合位置，实现两挡调速，在每挡速度范围内可进行无级调速。本项目具体实施要求如下：

(1) 编写一段数控加工程序，程序中通过 M41、M42 代码强制指定固定的目标挡位，观察 NCK 译码结果，即接口信号 DB3903. DBX2000. 0～DB3903. DBX2000. 2 是否与零件程序中的 M 代码一致；换挡结束后，观察相应挡位检测信号、操作面板上的挡位状态显示灯、实际齿轮级 DB3803. DBX2000. 0～DB3803. DBX2000. 2、记录的当前挡位 DB1400. DBX126. 0～DB1400. DBX126. 1 是否一致。同时，从显示器 HMI 上观察机床运行的主轴转速是否与表 4. 8 中对应各挡主轴转速范围的机床数据吻合。

(2) 编写一段数控加工程序，通过编程的主轴速度(S 功能)自动确定目标挡位，即程序中通过 M40 Sxxxx 代码根据图 4. 2 相关机床数据设置值自动指定目标挡位，并进行换挡操作，观察编程的主轴转速值与机床数据设置值对机床换挡的影响情况。

【例 3】 项目执行的主轴相关机床数据设置如表 4. 2 所示。

表 4. 2　自动换挡时机床数据设置范例

序　号	机床数据号	设置值(r/min)
1	MD35100	4 000
2	MD35130[2]	3 600
3	MD35110[2]	3 000
4	MD35130[1]	1 500
5	MD35110[1]	1 200
6	MD35120[2]	1 100
7	MD35140[2]	990
8	MD35120[1]	350
9	MD35140[1]	310

当主轴工作在挡位 2 的情况下要求实现挡位 1 的换挡，则编程时主轴转速值应小于等于机床数据 MD35120[2]的值；当主轴工作在挡位 1 的情况下需要实现挡位 2 的换挡，则编程时需根据机床数据 MD35110[1]的值来进行编程，调试时，设置的 MD35110[1]应大于 MD35120[2]，使两个挡位之间不存在未明确定义的换挡转速范围。

换挡结束后，观察相应挡位检测信号、操作面板上的挡位状态显示灯、实际齿轮级 DB3803. DBX2000. 0～DB3803. DBX2000. 2、记录当前挡位 DB1400. DBX126. 0～DB1400. DBX126. 1 是否一致。同时，从显示器 HMI 上观察机床运行的实际主轴转速是否与上表 4. 2 中对应各挡主轴转速范围的机床数据吻合。

(3) 其他控制要求

机床运行过程中，还需有必要的报警，如发生换挡超时、挡位位置错误等，在 PLC 程序设计时应在发生此类故障时在显示器 HMI 上显示报警号,并停止正进行的主轴换挡。

4.1.4　项目实施步骤

(1) 机床的 I/O 信号连接配置

数控机床主轴换挡系统与数控系统内置 PLC 之间的 I/O 信号主要包括两类:一类是输入信号,对两挡位的挡位检测开关信号进行检测,以确定目前主轴实际所处挡位;另一类是输出信号,通过电磁阀线圈的通断电改变不同的通油方式,从而控制液压拨叉不同位置的移动,实现不同挡位的切换,各挡位的 LED 指示灯让操作人员能即时确定当前挡位或换挡情况。综上所述,主轴换挡系统的输入和输出信号地址分配如表 4.3 所示。

表 4.3　主轴换挡的 I/O 地址分配表

PLC I/O 地址	描　述
I8.2	低挡位检测开关
I8.3	高挡位检测开关
Q1.4	换挡低挡位输出电磁阀控制信号
Q1.5	换挡高挡位输出电磁阀控制信号
Q1.6	低挡状态显示灯
Q1.7	高挡状态显示灯

(2) 主轴换挡电路简图

变频器和伺服主轴驱动器接线如图 4.4、图 4.5 所示。

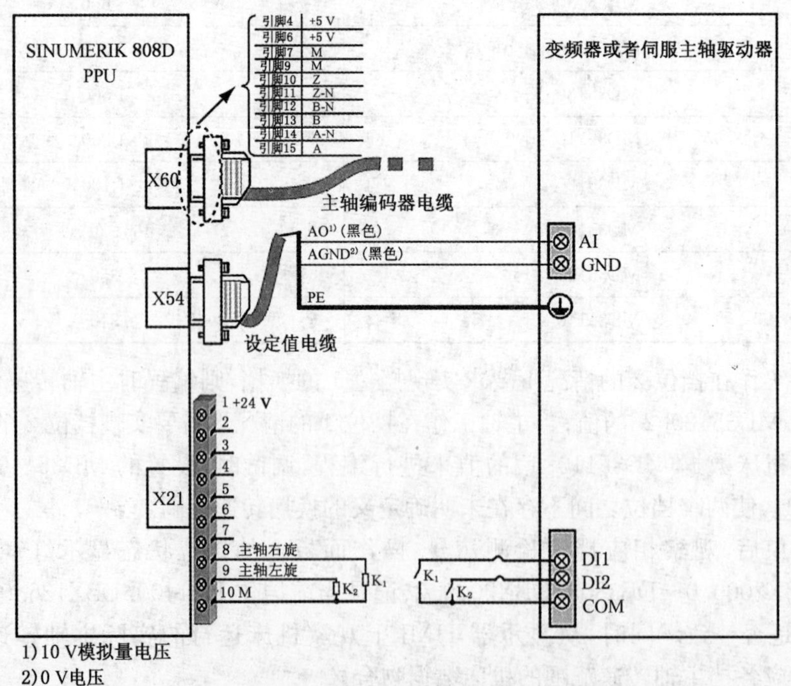

图 4.4　变频器或伺服主轴驱动器接线(单极)

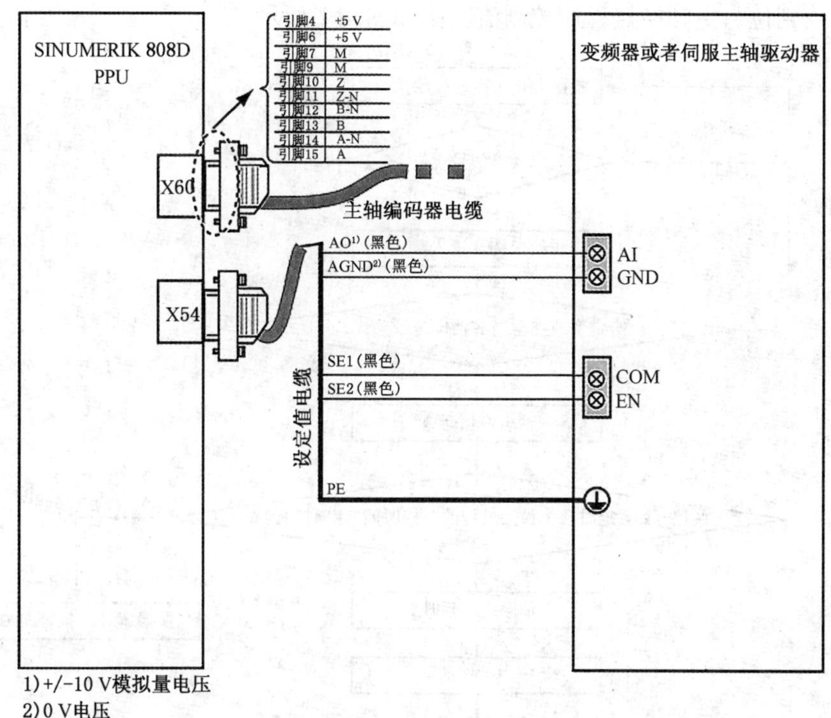

图 4.5　变频器或伺服主轴驱动器接线(双极)

主轴换挡时 PLC 的 I/O 控制电路如图 4.6 所示。

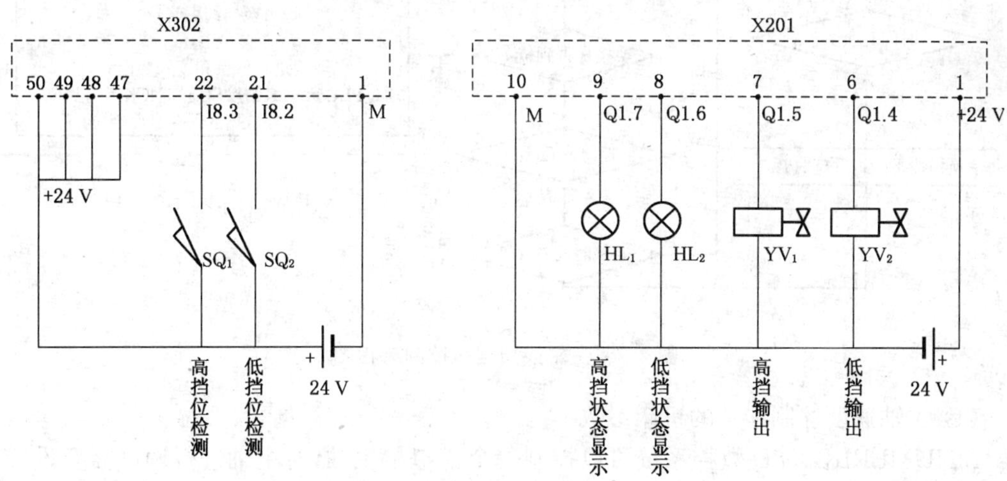

图 4.6　主轴换挡时 PLC 的 I/O 控制电路

(3) 主轴换挡程序控制流程图

本项目执行的主轴换挡首先检测挡位开关信号，与加工程序中给定的变速挡进行比较，如一致，则不发出换挡请求，如不一致，则发出换挡请求。换挡过程中，主轴进入摆动运行方式，易于齿轮组的啮合，换挡控制包含了换挡到位的时间监控，监控是否能在规定的时间内检测到目标挡位的检测开关信号，检测到，则结束换挡，如不能则换挡机构重复换挡动作,直至换挡到位。主轴换挡程序控制流程图如图 4.7 所示。

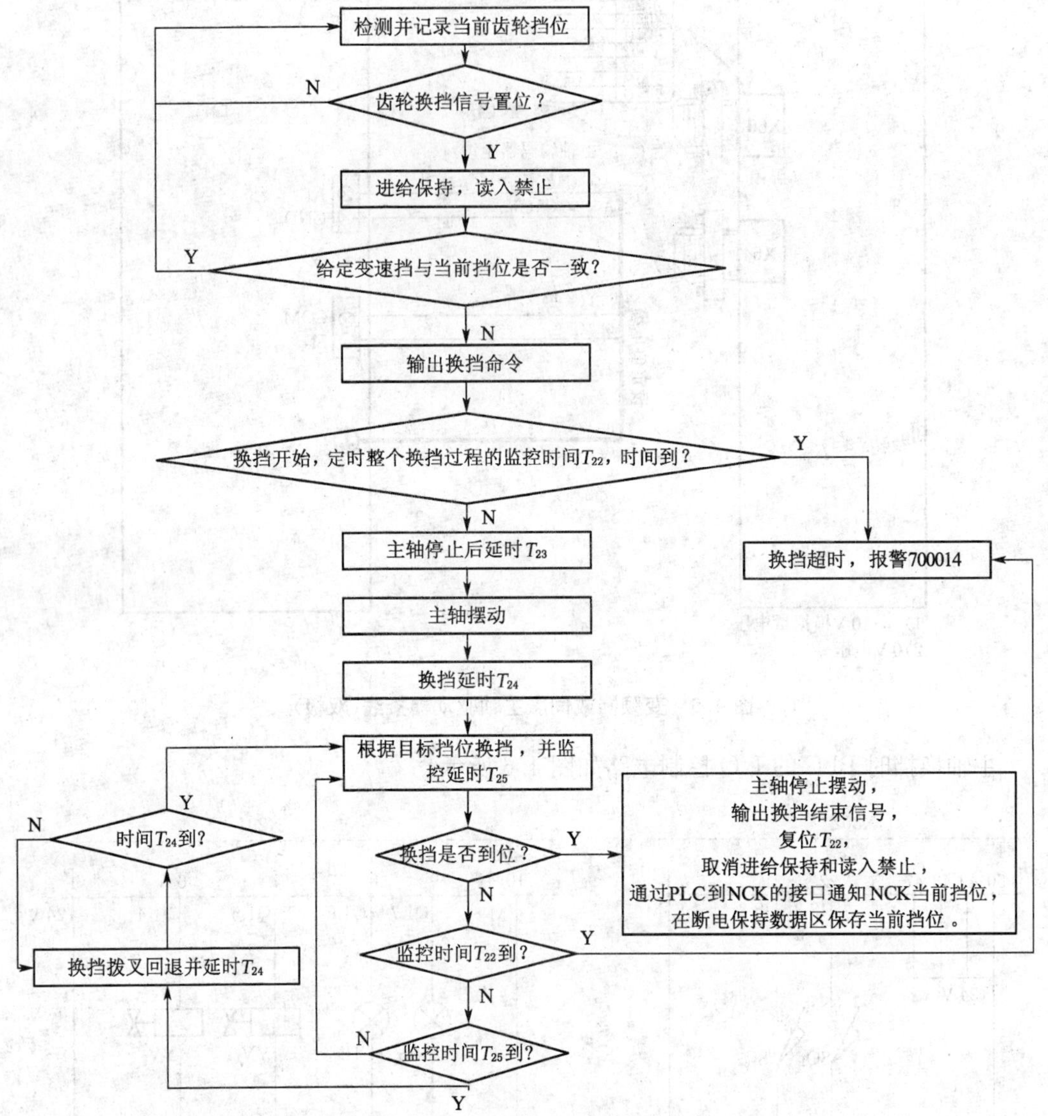

图 4.7 主轴换挡程序控制流程图

(4) 主轴速度控制涉及的机床参数

SINUMERIK 808D 数控系统可以控制一个模拟量主轴,对主轴进行调试需要设置下列参数,如表 4.4～表 4.8 所示。

表 4.4 使能位置控制

编 号	名 称	单 位	值	说 明
30130	CTRL_OUT_TYPE	—	1	控制设定值输出类型
30240	ENC_TYPE	—	2	编码器反馈类型

表4.5　将机床主轴设为单极/双极设定值输出

编　号	名　称	单　位	值	说　明
30134	IS_UNIPOLAR_OUTPUT[0]	—	0	设定值输出为双极
		—	1	设定值输出为单极
		—	2	设定值输出为单极；使用来自X21针脚8和9的信号。

说明：当MD30134=1时：X21-8为伺服使能端；X21-9为主轴反转控制端。

当MD30134=2时：X21-8为伺服使能端，主轴正转；X21-9为伺服使能端，主轴反转。

表4.6　主轴无编码器反馈

编　号	名　称	单　位	值	说　明
30200	NUM_ENCS	—	0	不带编码器主轴
30350	SIMU_AX_VDI_OUTPUT	—	1	模拟轴的轴信号输出
31040	ENC_IS_DIRECT	—	0	直接测量系统

表4.7　主轴机床数据

编　号	名　称	单　位	值	说　明
31020	ENC_RESOL	(IPR)	2 048	每转编码器的脉冲数/步数
32000	MAX_AX_VELO	(mm/min)	*	最大轴速度
32260	RATED_VELO	(r/min)	1 900	额定电机转速
36200	AX_VELO_LIMIT[0]～[5]	(r/min)	575	速度监控极限值
36300	ENC_FREQ_LIMIT	(Hz)	300 000	编码器频率=电机额定速度/60×编码器线数

表4.8　主轴齿轮挡位控制参数

编　号	名　称	单　位	值	说　明
35010	GEAR_STEP_CHANGE_ENABLE	—	0	换挡激活。主轴具有若干不同的速度级别
35110	GEAR_STEP_MAX_VELO[0]～[5]	—	*	自动齿轮换挡时的主轴最大转速；0～5
35120	GEAR_STEP_MIN_VELO[0]～[5]	—	*	自动齿轮换挡时的主轴最小转速；0～5
35130	GEAR_STEP_MAX_VELO_LIMIT[0]～[5]	—	*	转速控制模式下当前齿轮挡的最大转速：0～5
35140	GEAR_STEP_MIN_VELO_LIMIT[0]～[5]	—	*	转速控制模式下当前齿轮挡的最小转速：0～5
36200	AX_VELO_LIMIT[0]～[5]	—	*	速度监控阀值(控制参数设定编号)：0～5
31050	DRIVE_AX_RATIO_DENUM[0]～[5]	—	*	减速比电机端齿数(控制参数编号)：0～5
31060	DRIVE_AX_RATIO_NUMERA[0]～[5]	—	*	减速比主轴端齿数(控制参数编号)：0～5
35400	SPIND_OSCILL_EDS_VELO			摆动转速

续表 4.8

编 号	名 称	单 位	值	说 明
35410	SPIND_OSCILL_ACCEL			摆动加速度
35430	SPIND_OSCILL_START_DIR			摆动起始方向
35440	SPIND_OSCILL_TIME_CW			M3 方向的摆动时间
35450	SPIND_OSCILL_TIME_CCW			M4 方向的摆动时间

(5) 主轴速度控制涉及的数控系统与 PLC 的接口信号

要完成机床主轴换挡调速功能,PLC 需要与数控系统、MCP 完成工作方式、M 代码、报警号显示等信号的交互,其接口信号如表 4.9 所示。

表 4.9 主轴速度控制涉及的数控系统与 PLC 的接口信号

接口信号	信号说明	信号方向
DB3903. DBX2000. 0~DB3903. DBX2000. 2	额定齿轮级(CBA)	NCK→PLC
DB3903. DBX2000. 3	齿轮换挡	NCK→PLC
DB3803. DBX2000. 0~DB3803. DBX2000. 2	实际齿轮级(CBA)(PLC 检测到的)	PLC→NCK
DB3803. DBX2000. 3	变速箱已换挡	PLC→NCK
DB2500. DBD3000	M 功能(M 代码的静态 PLC 编译)	NCK→PLC
DB3200. DBX6. 1	禁止读入	PLC→NCK
DB3200. DBX6. 0	禁止进给	PLC→NCK
DB3903. DBX1. 4	主轴停止	NCK→PLC
DB3903. DBX4. 6	主轴反转	NCK→PLC
DB3903. DBX4. 7	主轴正转	NCK→PLC
DB3903. DBX1. 5	位置控制器有效(主轴停止,但驱动器已就绪)	NCK→PLC
DB3803. DBX2002. 5	摆动速度	PLC→NCK
DB3903. DBX2002. 7	主轴控制运行方式	NCK→PLC
DB3903. DBX2002. 6	主轴摆动运行方式	NCK→PLC
DB3903. DBX2001. 5	主轴在给定值范围	NCK→PLC
DB2700. DBX0. 1	急停有效	NCK→PLC
DB3803. DBX2. 2	主轴复位	PLC→NCK
DB1000. DBX3. 1	主轴停止	from MCP
DB1000. DBX3. 3	复位	from MCP
DB3000. DBX0. 7	复位	PLC→NCK
DB1600. DBX1. 6	700014 换挡超时报警号	PLC→HMI
DB1600. DBX1. 7	700015 挡位位置错误报警号	PLC→HMI
DB1400. DBX126. 0	保存换挡后的低挡位	断电保持数据区
DB1400. DBX126. 1	保存换挡后的高挡位	断电保持数据区

(6) 主轴速度控制 PLC 程序解析

为了提高 PLC 程序的可阅读性,在编制 PLC 程序时需对相应状态位、数据位作必要的注解,有关 NCK 与 PLC 的接口信号和 PLC 的 I/O 地址分配可参阅上面相关小节,涉及的数据地址定义如表 4.10 所示。

表 4.10　PLC 程序数据地址定义表

数据地址	符号名称
MW30	换挡延时时间
MW32	换挡监控时间
MW34	主轴停止延迟时间
MW36	整个换挡过程的监控时间
M40.0	还没换挡到位的状态
M138.1	主轴启动命令(正转或反转)
M244.0	主轴换挡请求
M244.1	换低挡请求
M244.2	换高挡请求
M244.4	等待主轴停止
M244.5	开始换挡
M244.6	换挡超时报警
M244.7	挡位位置出错报警
M248.0	高挡位输出的信号指示
M248.1	低挡位输出的信号指示
M248.2	高档位命令
M248.3	抵挡位命令
M248.4	主轴停止并准备摆动
M248.5	主轴停止信号
M248.6	主轴换挡延迟
M248.7	换挡监控
T22	整个换挡过程的监控时间定时器
T23	主轴停止延迟时间定时器
T24	换挡延时时间定时器(拨叉回退时间)
T25	换挡监控延迟定时器(换挡机构向目标挡位换挡的时间)

① 主轴使能信号的处理程序(见图 4.8)

西门子 808D 数控系统控制主轴正常工作需要对 DB3803. DBX4001.7 脉冲使能信号和

DB3803. DBX2. 1 调节器使能(伺服使能信号)信号进行设置。

网络 28 中,置位 DB3803. DBX4001. 7 接口信号,激活主轴的脉冲使能。

网络 27,状态位 M138. 1 是主轴启动命令,根据所输入的指令不同,数控系统根据译码结果判定主轴的工作状态,如主轴正转 DB3903. DBX4. 7、主轴反转 DB3903. DBX4. 6、主轴停止但驱动器已就绪 DB3903. DBX1. 5,当出现上述状态之一时 M138. 1 置位,在网络 28 中激活主轴伺服使能,即 DB3803. DBX2. 1 接口信号。

当 DB3803. DBX4001. 7 和 DB3803. DBX2. 1 两个使能信号有效后,主轴就可以正常的工作了。

而当需要主轴停止时,需确保主轴完全停止后才能复位主轴的伺服使能接口信号 DB3803. DBX2. 1。网络 27 中复位 M138. 1 状态位的条件为:DB3903. DBX1. 4 主轴实际已经停止的接口信号,以及机床操作面板 MCP 上的 DB1000. DBX3. 1"主轴停止"或 DB1000. DBX3. 3"复位"信号。网络 29 中当 M138. 1 无效后,即可复位伺服使能接口信号 DB3803. DBX2. 1,完成主轴停止指令。

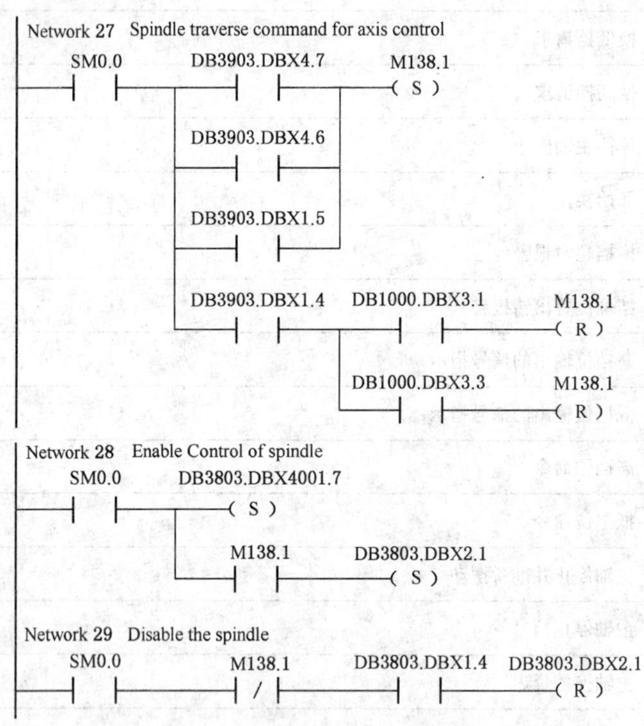

图 4.8 主轴使能信号的处理程序

② 主轴换挡调速 PLC 程序(见图 4.9~图 4.16)

该 PLC 程序通过 2 级挡位检测信号实现模拟量主轴的 2 挡自动换挡功能,从而根据指令要求实现主轴速度控制的目的。阅读解析该 PLC 程序可参照图 4.7 流程。

网络 1:为了使主轴换挡不至于混乱,在 PLC 程序的初始化模块中,系统一通电就扫描机床挡位检测开关,在数据块中设置"当前挡位",对系统状态进行初始化,同时初始化换挡过程中每一阶段需要定时的时间。

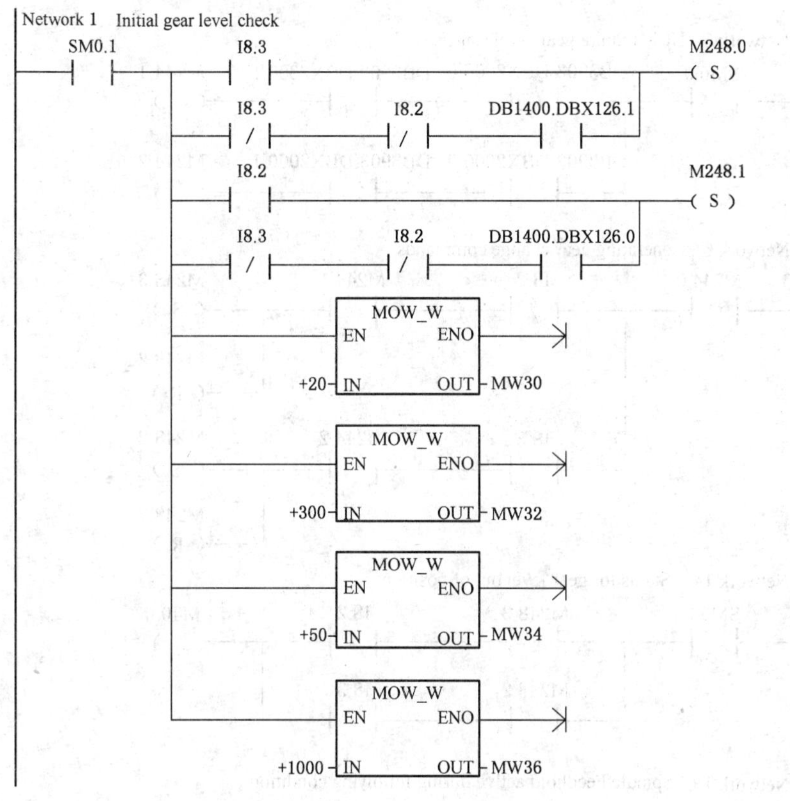

图 4.9　主轴换挡调速 PLC 程序 1

网络 2:NCK 读入代码,根据 M40 Sxxxx 编程的转速在哪一挡或 M41、M42 强制的变速挡设置,生成换挡命令,NCK 设置 DB3903. DBX2000. 3 接口信号“齿轮换挡”向 PLC 发出换挡请求。

网络 5、6:当前挡位与换挡挡位要求不一致时,若确定要换挡,由 NCK 设置的 DB3903. DBX2000. 0、DB3903. DBX2000. 1 通知 PLC 目标挡位信号。

网络 4、18、19、20:PLC 接收到需换挡的请求时,设置 DB3200. DBX6. 1 禁止读入,设置 DB3200. DBX6. 0 禁止进给,设置 DB3803. DBX4. 3 停止主轴。

Network 2　get gear-change request from nck
DB3903.DBX2000.3　M244.0
( )

Network 3　Read in disable during Sp. Gearbox changing
M244.0　P　M141.0
(S)

Network 4　require read-in disable during gear-change progress
M141.0　DB3200.DBX6.1
( )

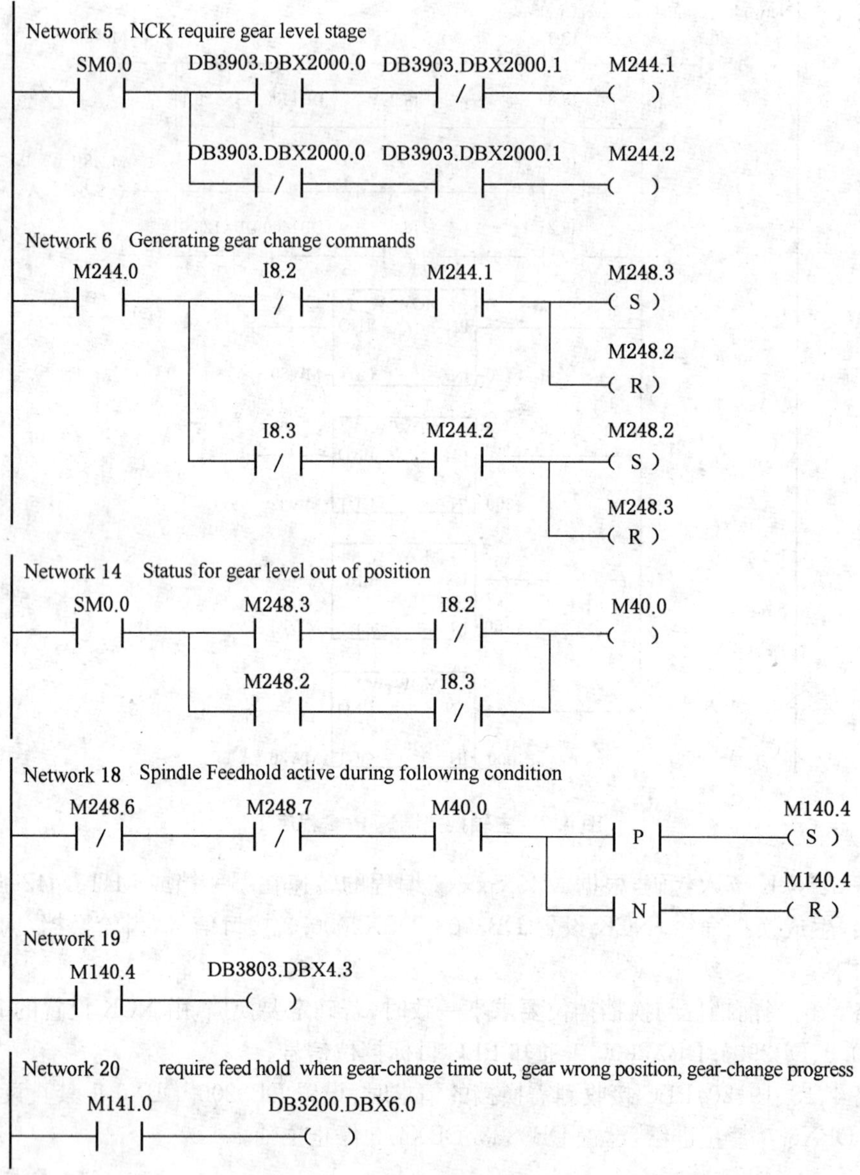

图 4.10 主轴换挡调速 PLC 程序 2

网络 8:换挡开始后,监控整个换挡过程的时间 T22,如在规定的时间内没有换挡到位,则通过网络 9 设置报警 DB1600. DBX1. 6,即 700014 换挡超时报警,如在换挡时间范围内,发生了挡位位置错误,则通过网络 10 设置报警 DB1600. DBX1. 7,即 700015 挡位位置错误报警。网络 11 中完成的是当按下并松开操作面板上的机床复位键时,对报警的处理情况,700014 报警立即去除,而 700015 报警必须是系统检测到挡位位置无错时才会去除。

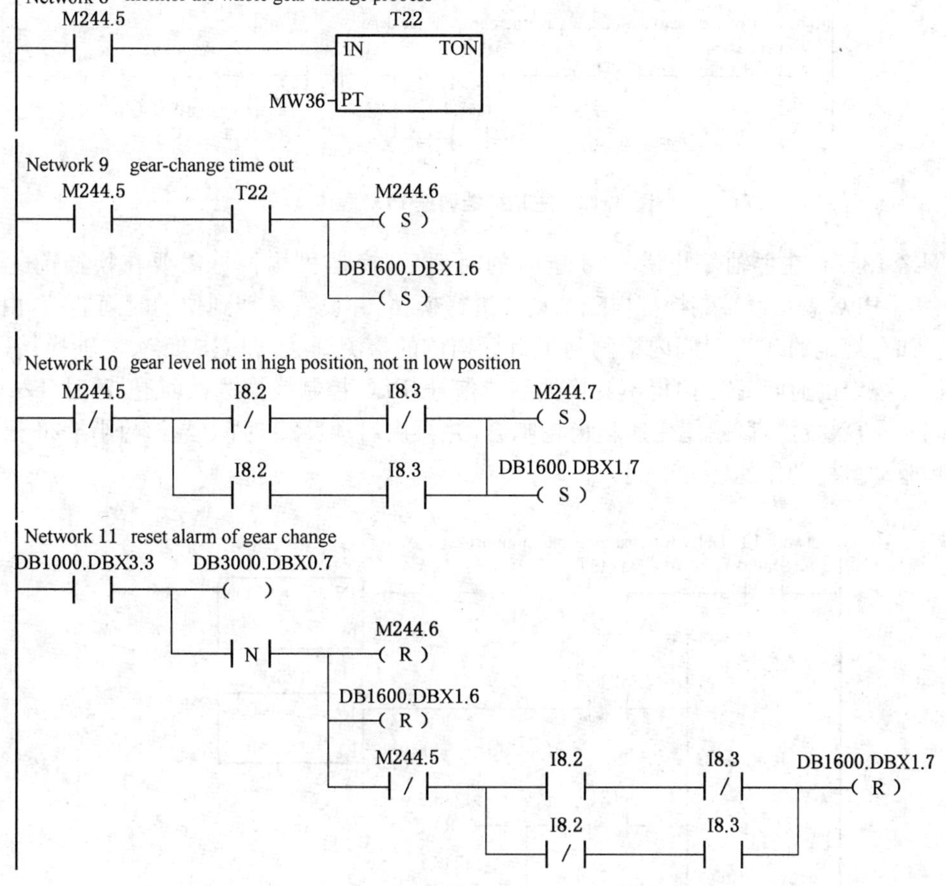

图 4.11　主轴换挡调速 PLC 程序 3

网络 7:换挡开始后,当主轴停止延时 T23 定时的时间后,在网络 12 中设置 DB3803.DBX2002.5"摆动速度"接口信号才启动主轴摆动。

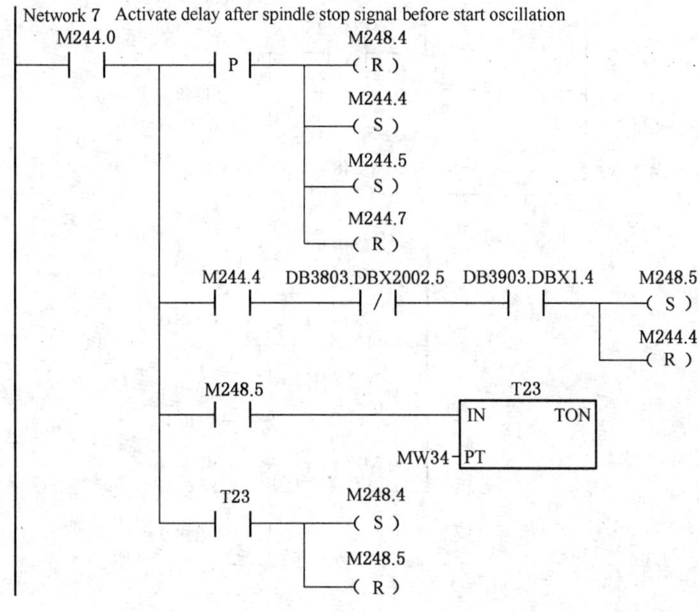

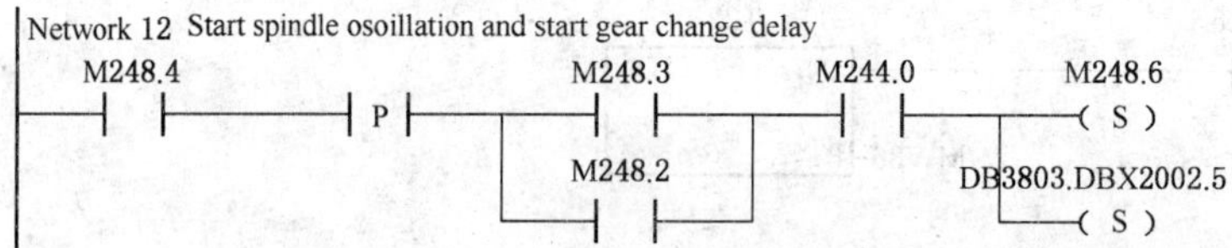

图 4.12 主轴换挡调速 PLC 程序 4

网络 13、14:在主轴停止满 T23 定时的时间后,换挡机构根据需要在换挡前先延时 T24,然后 PLC 就可以控制换挡电磁阀动作进行换挡,并设置换挡到位的时间监控,由 T25 完成。如在规定的 T25 时间内检测到了目标挡位的检测开关,即完成此次主轴换挡(网络 14);如在规定的时间 T25 内得不到换挡到位信号,PLC 控制换挡拨叉回退,延时 T24 设定的时间后,再次换挡,试图使变速箱齿轮啮合,并再次启动 T25 时间监控。网络 26 根据换挡流程驱动机构动作的各电磁阀。

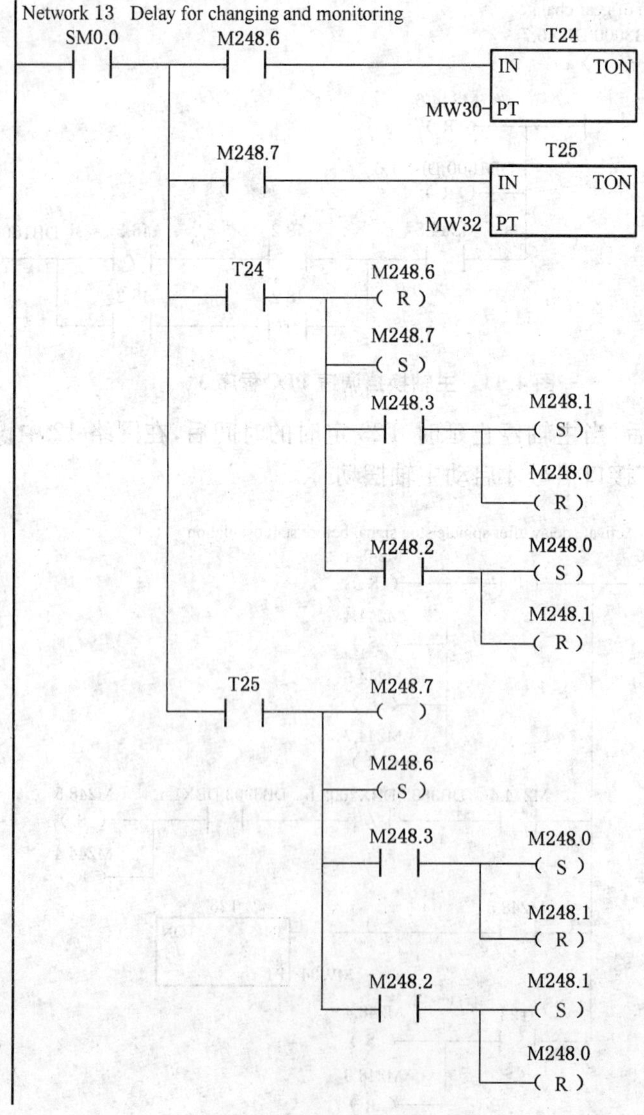

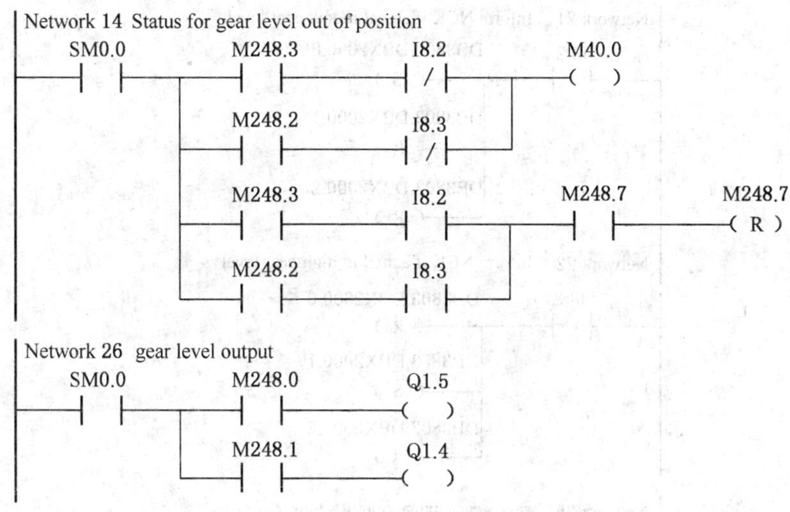

图 4.13　主轴换挡调速 PLC 程序 5

网络 16：当检测到目标挡位或机床复位时，置位 DB3803.DBX2000.3“变速箱已换挡”接口信号，使 NCK 获悉此次换挡结束，同时复位 DB3803.DBX2002.5“摆动速度”，主轴摆动运行方式结束，主轴恢复到换挡前的运行方式，将按照新的主轴速度指令运行。

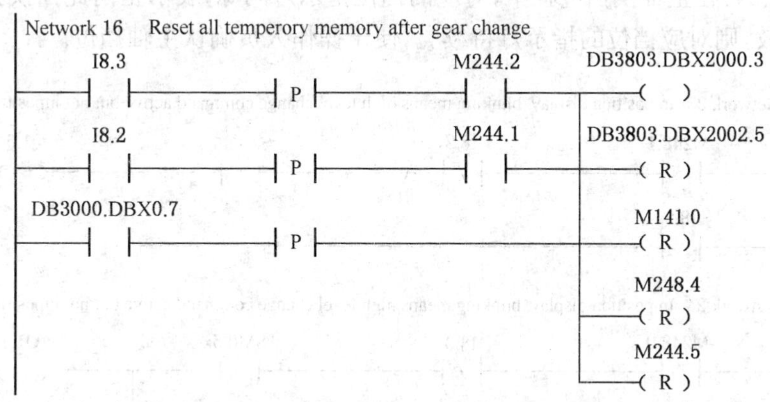

图 4.14　主轴换挡调速 PLC 程序 6

网络 21、22：换挡到位后，设置接口信号 DB3803.DBX2000.0～DB3803.DBX2000.2，由 PLC 通知 NCK 当前挡位。网络 25 把当前挡位值保存在断电保持区 DB1400.DBX126.0 和 DB1400.DBX126.1。

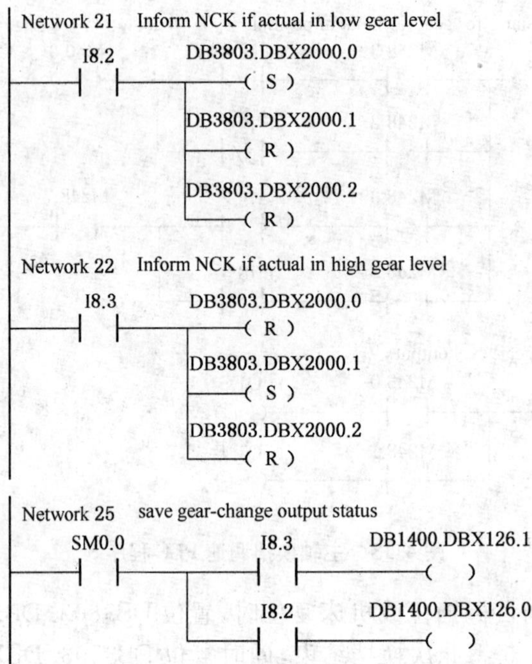

图 4.15　主轴换挡调速 PLC 程序 7

网络 23、24:在主轴换挡过程中,对应的挡位指示灯闪烁,表示正向此挡换挡;如某挡位检测开关有效,则对应挡位的指示灯持续亮,便于操作人员确认主轴挡位。

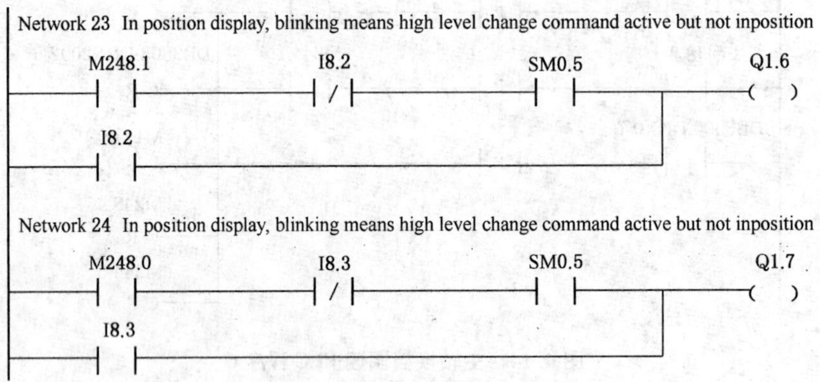

图 4.16　主轴换挡调速 PLC 程序 8

4.1.5　项目的考核与验收

序号	考核内容	考核要求	所占比重	备注
1	数控机床主轴换挡基本原理知识	数控机床主轴换挡的目的和要求; 主轴换挡流程;	10	

续表

序号	考核内容	考核要求	所占比重	备注
2	数控机床主轴换挡电气控制电路	主轴换挡电气控制电路设计； 主轴换挡电气控制电路硬件故障的诊断和排除；	10	
3	主轴换挡系统参数	主轴换挡系统参数的作用和设置	10	
4	数控机床主轴换挡接口信号	主轴换挡接口信号的作用； 主轴换挡接口信号的使用；	10	
5	主轴换挡 PLC 程序流程图	机床主轴换挡程序流程图的设计	10	
6	数控机床主轴换挡 PLC 控制程序的分析	体会根据流程图组织 PLC 程序； 主轴换挡 PLC 控制程序段的阅读和分析； 体会中间变量的作用； 主轴换挡 PLC 控制程序故障的诊断和排除； 体会 PLC 用户报警的作用。	35	
7	数控机床主轴换挡 PLC 控制程序的设计	机床主轴换挡 PLC 控制程序段的修改和设计； PLC 用户报警的制作。	15	

4.2 主轴定向控制

4.2.1 项目教学目的

(1) 熟悉数控机床主轴定向控制的硬件电路；

(2) 了解数控机床主轴定向过程；

(3) 熟悉数控机床主轴定向控制的主要机床参数及其作用；

(4) 了解数控机床主轴定向功能与 PLC 控制程序的设计方法。

4.2.2 项目背景知识

主轴定向又称为主轴准停控制，是指实现主轴准确定位于周向特定位置的功能。数控机床在加工中，主轴定向控制主要用于主轴分度、刚性攻螺纹、加工中心换刀过程中的主轴定位停止控制、精镗过程主轴定位控制及多功能车床的 C 轴定位控制等。

西门子 808D 数控系统中主轴的定向可以通过 SPOS 指令、辅助功能代码 M19 来实现。采用 M19 定位主轴时，主轴停止的位置为机床数据 43240 中的值(单位为度)；采用 SPOS 指令定位主轴时，主轴停止的位置由 SPOS 指令后编程值所定，可以在指定角度位置定位主轴，主轴被控制保持在该位置。定位过程的转速由机床数据规定。如在 M03/M04 运动中使用 SPOS 指令，主轴转向保持至定位结束；如从停止时定位，则通过最短路径接近位置，主轴旋转方向由各自起始和结束位置决定。

(1) 主轴定向控制加工程序编程

主轴运动与任何同一程序段的轴运动一同发生。当一个程序段中所有编程的功能均已实现,并且主轴已经到位("主轴精准停"信号 DB3903. DBX0000. 7 有效),该程序段结束,此时可以接受下一个程序段,进行程序段转换。编程时可以采用如下格式:

SPOS=...;绝对位移:0<...<360°

SPOS=ACP(...);绝对尺寸说明,从正方向运行至某位置

SPOS=ACN(...);绝对尺寸说明,从负方向运行至某位

SPOS=IC(...);增量尺寸,主导符号决定运行方向

SPOS=DC(...);绝对尺寸说明,直接回位(最短距离)。

采用 SPOS 指令生成主轴定向控制的程序示例如下:

N10　SPOS=200;主轴位置 200°

N80　G0 X89 Z300 SPOS=250;用轴运动定位主轴,当运动结束时,该程序段结束

N81　X200 Z300;N81 程序段仅在到达 N80 的主轴位置时开始。

或

M03 S2000;主轴以 2 000 r/min 正转

M19;主轴准停于缺省位置,由机床参数 43240 设定的值确定。

(2) 主轴定向电气控制方式

主轴定向即主轴准停,其电气控制通常采用以下三种方式:

① 磁传感器主轴准停

磁传感器主轴准停控制由主轴驱动自身完成,即当数控装置执行 M19 指令时,只需向主轴驱动发出主轴准停启动命令 ORT,主轴驱动在完成准停后向数控装置回答完成信号 ORE,然后数控装置再执行其后的控制任务。

② 编码器主轴准停

编码器主轴准停控制可采用主轴电动机内部安装的编码器信号(来自于主轴驱动装置),也可在主轴上另外再安装一个编码器。采用主轴内部编码器,主轴驱动装置内部可自动转换速度控制和位置控制状态,准停角度可由外部拨码开关(拨码开关位数须与编码器分辨率匹配,一般为 12 位)设定。这种方式编码器可以两用。主轴上另外安装编码器的方式与磁传感器主轴准停控制系统基本相同,只是准停位置为拨码开关设定的角度,而不是检测位置。

③ 数控系统准停

数控系统准停控制方式是由数控装置完成的。

采用数控系统控制主轴准停时,准停位置(角度)可在数控系统设定,准停步骤如下:数控装置执行 M19,首先将 M19 控制代码送至 PLC,经 PLC 译码后发出控制信号,使主轴驱动进入位置伺服控制状态,同时数控装置控制主轴电动机降速并寻找零位脉冲 C,然后进入位置闭环控制过程。

如数控装置执行的是 SPOS 指令,则其定位过程如下所述:

a. 主轴从运行状态定位(见图 4.17)

主轴从运行状态定位的过程如下:

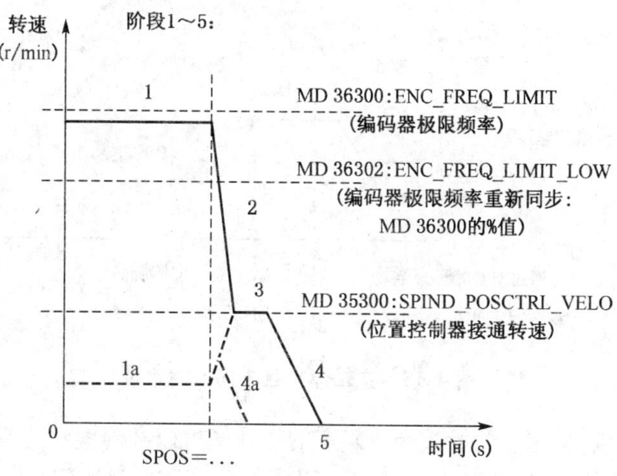

图 4.17 不同转速下的定位

阶段 1:主轴以小于编码器极限频率的转速运行,主轴已同步,主轴位于控制方式。接着进行第 2 阶段。

阶段 1a:主轴以低于位置控制器极限速度的转速旋转,主轴已同步,主轴位于控制方式,可以进行 4a。

阶段 2:随着 SPOS 指令的生效,主轴按照 MD35200 GEAR_STEP_SPEEDCTRL_ACCEL 中定义的加速度开始制动直至达到位置控制器接通转速。

阶段 3:到达 MD35300 SPIND_POSCTRL_VELO 中设定的位置控制器接通转速后,接通位置控制,计算到目标位置的剩余行程,加速度转换到 MD35210 GEAR_STEP_POSCTRL_ACCEL(位置控制方式加速度)中设定的加速度。

阶段 4:主轴从计算得到的"制动点"开始按照 MD35210 GEAR_STEP_POSCTRL_ACCEL 中设定的加速度制动,直至到达目标位置。

阶段 5:位置控制有效,主轴保持在编程的位置。一旦主轴实际位置与编程位置(给定的主轴位置)之间的距离小于 MD36010 STOP_LIMIT_FINE 和 MD36000 STOP_LIMIT_COARSE 中设定的值时,设置接口信号"精准停"DB3903. DBX0000. 7 和"粗准停"DB3903. DBX0000. 6。

b. 主轴未同步时主轴从停止状态进行定位(见图 4. 18)

数控系统启动后,主轴没有同步。主轴的第一个动作是定位 SPOS=... 指令,在这种情况下主轴的定向过程如下:

阶段 1:如果编程了 SPOS,主轴按照 MD35210 GEAR_STEP_ POSCTRL_ACCEL(速度控制方式加速度)中所设定的加速度加速运行,直至到达 MD35300 SPIND_POSCTRL_VELO(位置控制接通速度)中的速度。除非在 SPOS 程序(CAN、ACP、IC)中没有预设值,旋转方向由 MD35350 SPIND_POSITIONING_ DIR(从停止状态定位时的旋转方向)设定。主轴与主轴位置实际值编码器的下一个零标记同步。

阶段 2:主轴同步后接通位置控制方式。主轴按照某一速度(最大为 MD35300 SPIND_POSCTRL_VELO 设定的速度)运行,一直运行到开始进行减速的起始点为止。控制器通过计

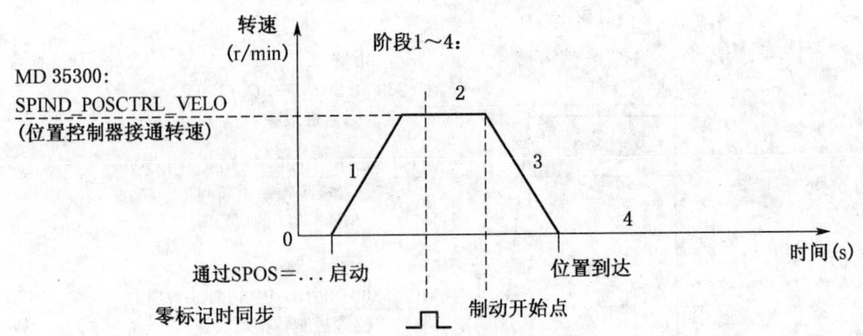

图 4.18　主轴停止且未同步时定位

算可以得到此起始点，从这点开始按照所确定的加速度可以准确地到达所编程的主轴位置。

阶段 3：主轴按照 MD35210 GEAR_STEP_POSCTRL_ACCEL(位置控制方式加速度)中设定的加速度，从制动点开始制动到停止。

阶段 4：主轴到达位置并停止。位置控制方式有效，主轴停止在所编程的位置。一旦主轴实际位置与编程位置(给定的主轴位置)之间的距离小于 MD36010 STOP_LIMIT_FINE 和 MD36000 STOP_LIMIT_COARSE 中设定的值时，设置接口信号“精准停”DB3903.DBX0000.7 和“粗准停”DB3903.DBX0000.6。

c. 主轴已同步时主轴从停止状态进行定位

这种情况是指主轴至少已使用 M03 或 M04 开始旋转，然后用 M05 停止。主轴以时间最优的方式运行到所编程的目标位置。根据不同的边界条件可以按照 1—2—3—4 阶段，或者按照 1—3a—4a 的阶段运行。

定位过程如下(见图 4.19)：

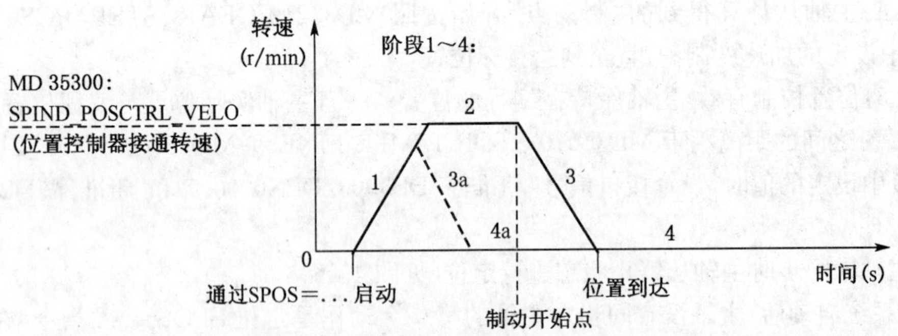

图 4.19　同步主轴停止时定位

阶段 1：通过 SPOS 编程将主轴转换到位置控制方式。MD35210 GEAR_STEP_POSCTRL_ACCEL(位置控制模式下的加速度)值有效。主轴的旋转方向由所产生的剩余行程(通过 SPOS 的路径设置类型)确定，速度不超过 MD35300 SPIND_POSCTRL_VELO(位置控制器接通转速)的速度值，可以计算出到达目标位置的剩余行程。如果在此阶段可以立即到达目标点，继续执行 3a 和 4a，无需执行阶段 2。

阶段 2：为了到达目标位置，主轴加速运行，但加速后的最大速度为 MD35300 SPIND_

POSCTRL_VELO 中设定的速度。主轴运行到开始进行减速的起始点，从这点开始按照 MD35210 GEAR_STEP_POSCTRL_ACCEL 所确定的加速度可以准确地到达所编程的主轴位置(SPOS=...)。

阶段3和阶段4:“制动”和“位置到达”顺序和未同步主轴的顺序一样。

(3) 主轴定向控制的主轴复位

主轴定位过程可以通过接口信号“清除剩余行程/主轴复位”(DB3803.DBX0002.2)终止。但主轴仍然处于定位方式。

4.2.3 项目要求

主轴定向控制功能即准停功能指的是控制主轴准确定位于圆周特定角度的功能，是数控加工过程中自动换刀、加工阶梯孔或精镗孔等场合所必需的功能。本项目具体实施要求如下：

(1) 通过辅助功能 M19 实现主轴准停

编写一段数控加工程序，程序中通过 M19 代码进行主轴定向控制，机床参数 43240 设定的值是主轴准停的缺省位置，修改 43240 机床参数中的值，观察主轴每次准停的位置。调试、查看与 M19 代码相对应的程序段各接口信号的状态。

(2) 编写一段数控加工程序，程序中通过 SPOS 指令完成主轴定向控制。修改程序中 SPOS 的定位角度值，观察主轴定位的周向角度；在修改(见表 4.11)的基础上，观察定位前主轴所停位置与定位后的不同目标位置值对主轴定向过程的影响(如定向方向)。

4.2.4 项目实施步骤

(1) 主轴定向电路简图

数控机床主轴定向功能主要是由数控系统、主轴伺服驱动器、主轴编码器组成的位置控制环节完成的，一定要有主轴实际位置编码器反馈实际检测的位置值，所以此部分的电路简图如图 4.20 所示。

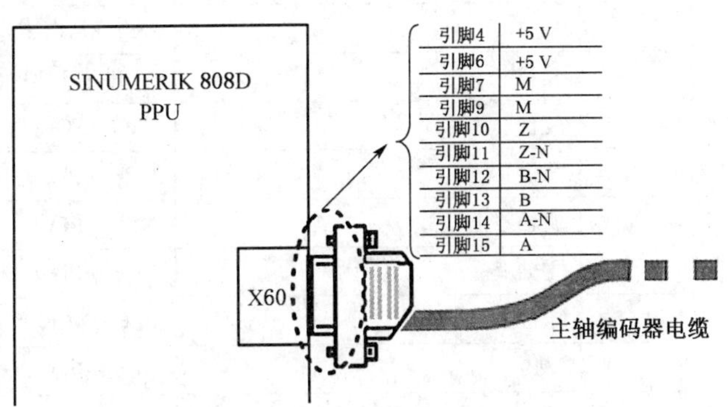

图 4.20 数控系统与主轴编码器的接口电路

(2) 主轴定向控制流程

参考项目背景知识。

(3) 主轴定向控制涉及的机床参数

要能正确地实现机床主轴的定向功能，需对表 4.11 中的参数作设置。

表 4.11 主轴定向控制涉及的机床参数

编 号	名 称	说 明
36000	STOP_LIMIT_COARSE	粗准停限值(位置到达)
36010	STOP_LIMIT_FINE	精准停限值(位置到达)
35300	SPIND_POSCTRL_VELO	位置控制器接通转速
36300	ENC_FREQ_LIMIT	编码器极限频率
36302	ENC_FREQ_LIMIT_LOW	编码器极限频率重新同步
35350	SPIND_POSITIONING_DIR	定位时的主轴旋转方向
35210	GEAR_STEP_POSCTRL_ACCEL	位置控制方式下的加速度
43240	M19_SPOS	采用 M19 定位主轴时主轴的位置
43250	M19_SPOSMODE	采用 M19 定位主轴时主轴位置的逼进模式
20850	SPOS_TO_VDI	在 SPOS/SPOA 时输出 M19 给 PLC

(4) 主轴定向控制涉及的数控系统与 PLC 的接口信号

要完成机床主轴定向控制功能,PLC 需要与数控系统等进行信号的交互,其接口信号如表 4.12 所示。

表 4.12 主轴定向控制涉及的数控系统与 PLC 的接口信号

接口信号	信号说明	信号方向
DB3903.DBX0.6	粗准停	NCK→PLC
DB3903.DBX0.7	精准停	NCK→PLC
DB3903.DBX1.5	位置控制器有效(主轴停止,但驱动器已就绪)	NCK→PLC
DB3903.DBX0.2	编码器极限频率 1 超出	NCK→PLC
DB3803.DBX2.2	剩余行程/主轴复位	PLC→NCK
DB1000.DBX3.3	复位	from MCP
DB3300.DBX3.7	复位	NCK→PLC
DB3000.DBX0.7	复位	PLC→NCK
DB2700.DBX0.1	急停有效	NCK→PLC
DB3903.DBX1.4	主轴停止	NCK→PLC
DB3903.DBX2003.5	主轴就位	NCK→PLC
DB3803.DBX5006.4	定位主轴	PLC→NCK
DB2500.DBX1002.3	M19	NCK→PLC
DB2500.DBX1000.3	M03	NCK→PLC
DB2500.DBX1000.4	M04	NCK→PLC
DB2500.DBX1000.5	M05	NCK→PLC

(5) 主轴定向控制 PLC 程序解析(见图 4.21)

主轴定向功能一般在刚性攻螺纹、加工中心换刀过程中使用。所以本项目的 PLC 程序仅讨论了发出主轴定向指令后数控系统与 PLC 之间怎么交互信息及处理的,而主轴定向完成信号则是执行刚性攻螺纹、加工中心换刀的前提条件。

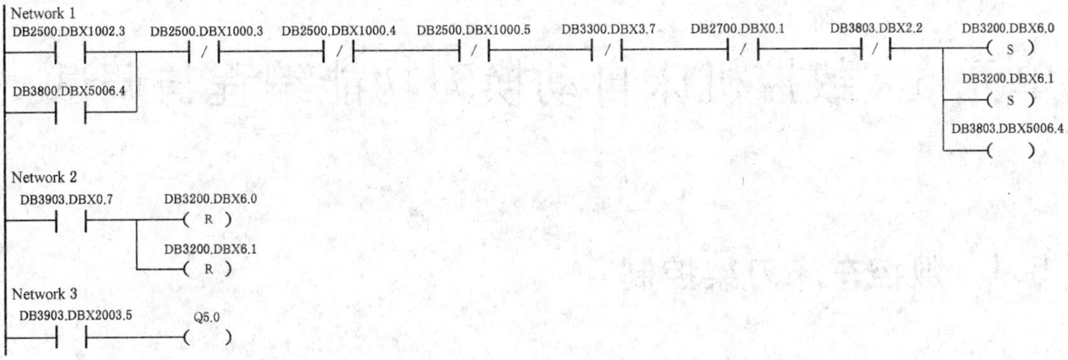

Network 1
DB2500.DBX1002.3　DB2500.DBX1000.3　DB2500.DBX1000.4　DB2500.DBX1000.5　DB3300.DBX3.7　DB2700.DBX0.1　DB3803.DBX2.2　DB3200.DBX6.0 (S)
DB3800.DBX5006.4　DB3200.DBX6.1 (S)
DB3803.DBX5006.4 ( )
Network 2
DB3903.DBX0.7　DB3200.DBX6.0 (R)
DB3200.DBX6.1 (R)
Network 3
DB3903.DBX2003.5　Q5.0 ( )

图 4.21　主轴定向控制 PLC 程序

当 NC 读到以“自动执行”方式或“单段”方式输入的 M19 指令(主轴定向)后，经译码处理，对应的 DB2500. DBX1002. 3 接口信号导通，当外部无主轴正转 M03(DB2500. DBX1000. 3)、反转 M04(DB2500. DBX1000. 4)或主轴停止 M05(DB2500. DBX1000. 5)、复位信号(DB3300. DBX3. 7)、急停信号 DB2700. DBX0. 1 时，定向指令 DB3803. DBX5006. 4 激活，并进行自锁，同时“禁止读入”即 DB3200. DBX6. 1 有效、“进给保持”DB3200. DBX6. 0 有效。因为对于西门子系统 PLC 在接到执行 M 指令时，必须对系统作一个进给保持和禁止读入处理，只有在 M 指令指定的动作执行完之后，才能取消进给保持和禁止读入，否则，程序会一直往下执行。而接口信号“清除剩余行程/主轴复位”(DB3803. DBX2. 2)有效将终止定位过程。定向到位后，置位 DB3903. DBX0. 7，复位 DB3200. DBX6. 0 和 DB3200. DBX6. 1，这时可以接受下面的程序段进行执行。在“精准停”接口信号 DB3903. DBX0. 7 有效的前提条件下，主轴已经在编程的定位位置处，则“主轴就位”信号 DB3903. DBX2003. 5 有效，可以驱动如换刀等定位完成后的负载运行，程序中统一以 Q5. 0 示例负载。

4.2.5　项目的考核与验收

序　号	考核内容	考核要求	所占比重	备　注
1	数控机床主轴定向基本原理知识	数控机床主轴定向的目的和要求 主轴定向流程	10	
2	数控机床主轴定向电气控制简图	主轴定向电气控制简图设计	10	
3	主轴定向控制参数	主轴定向控制参数的作用和设置	15	
4	数控机床主轴定向控制接口信号	主轴定向控制接口信号的作用 主轴定向控制接口信号的使用	15	
5	数控机床主轴定向控制 PLC 程序的分析	主轴定向控制 PLC 程序段的阅读和分析 主轴定向控制 PLC 程序故障的诊断和排除	35	
6	数控机床主轴定向控制 PLC 程序的设计	机床主轴定向控制 PLC 程序段的设计	15	

单元 5　数控机床自动换刀功能编程与调试

5.1　数控车床刀架控制

5.1.1　项目教学目的

(1) 熟悉数控车床刀架控制的基本原理；
(2) 能够根据数控车床控制要求设计刀架控制的电气控制线路；
(3) 熟悉数控车床刀架控制过程中的主要信号及其作用；
(4) 了解数控车床刀架的控制时序；
(5) 掌握数控车床刀架 PLC 控制程序的设计方法；
(6) 掌握数控车床刀架 PLC 控制程序的调试步骤。

5.1.2　项目背景知识

刀架是车床自动换刀的机构，刀架的种类有：霍尔元件检测刀位的简易刀架、带位置编码器的可双向换刀的自动刀架、可带动力刀具的自动刀架。驱动刀架旋转的刀架电机可以采用普通异步电机，也可以采用伺服电机。简易四工位刀架(见图 5.1)是经济车床上最常用的一种自动换刀机构，它的机械结构简单，调试和使用方便，本项目以简易四工位刀架为例介绍数控车床自动换刀的基本控制过程。

简易四工位刀架采用普通三相异步电机为刀架电机，通过涡轮蜗杆传动，驱动刀架旋转。这种刀架只能单方向换刀，刀架电机正转为寻找刀具换刀，反转为锁紧定位。需要注意：刀架反转锁紧时刀架电机实际上是处于一种堵转状态，因此反转时间不能太长，否则可能导致刀架电机烧毁。刀架采用霍尔元件检测刀位信号，每个刀位配备一个霍尔元件(见图 5.2)，霍尔元件常态是截止，当刀具转到工作位置时，利用磁体使霍尔元件导通，将

图 5.1　简易四工位电动刀架

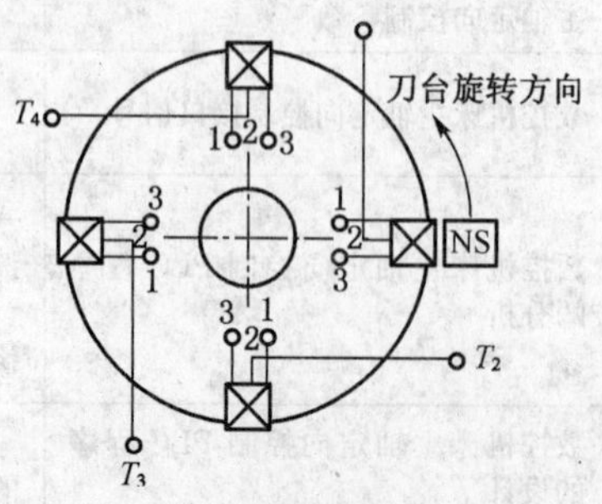

图 5.2　刀架上的霍尔元件

刀架位置状态发送到PLC的数字输入。

当NCK执行到加工指令T××时，NCK将“T功能改变”的接口信号置为有效，意为告诉PLC更改T功能，并且把T指令后的编程刀号译码后存放在相应的接口寄存器中，从而启动自动换刀。或者可以按下机床控制面板上的“手动换刀”键启动手动换刀。

当PLC应用程序由数控系统的上述接口信号或从机床控制面板得到换刀指令后，控制刀架电机正转，同时通过PLC的数字输入监控刀架的实际位置，如果刀架的实际位置等于指令刀具的位置，PLC应用程序控制刀架电机反转，并启动延时控制。延时时间到达后，刀架电机反转停止，换刀过程结束。

在刀架转动过程中，为了保证刀具不与工件碰撞，换刀指令完成之前，PLC要锁定零件程序的继续执行，同时禁止坐标轴的运动。PLC应用程序锁定零件程序的继续执行和禁止坐标轴的运动是通过将接口信号“读入禁止”“禁止保持”置位来实现的。

5.1.3　项目要求

(1) 在手动方式下，利用机床控制面板上的手动换刀键启动换刀，按动一次手动换刀键可以换相邻的一个刀具。

(2) 在自动方式或MDA方式下，通过T编程指令启动自动换刀，换刀结果正确。例如，在MDA方式下，手动输入T0101；T0202；T0303；T0404；机床能够进行换刀，刀号正确。

(3) 在刀架转动过程中，即在换刀过程没有完成时，PLC锁定零件加工程序的继续执行，同时禁止坐标轴的运动，等待换刀结束。

(4) 对于换刀过程中出现的异常情况，能够产生相应的PLC用户报警，以便于诊断和维修。例如，当编程刀号大于刀架刀位数时，能够显示报警信息：编程刀号大于刀架刀位数。

(5) 在急停或程序测试生效等情况下，换刀被禁止。

5.1.4　项目实施步骤

(1) 根据项目控制要求，设计车床换刀控制的电气控制线路。

将霍尔元件的检测信号经一定的处理后接入机床PLC的输入端子。刀架电机的转动通过PLC的数字输出进行控制，PLC的数字输出控制直流继电器，继电器再驱动交流接触器，实现刀架电机的正、反转，见图5.3。

(2) 确定PLC控制程序的输入和输出信号，分配I/O地址，列出I/O列表。

根据第一步设计的刀架电气控制线路，在本例中所使用的I/O地址如表5.1所列。

表5.1　车床刀架PLC控制的I/O地址

I/O地址	I1.0	I1.1	I1.2	I1.3	Q0.4	Q0.5
信号说明	1#刀	2#刀	3#刀	4#刀	刀架电机正转	刀架电机反转

(3) 根据项目控制要求，分析车床换刀逻辑，画出换刀控制流程图，如图5.4所示。

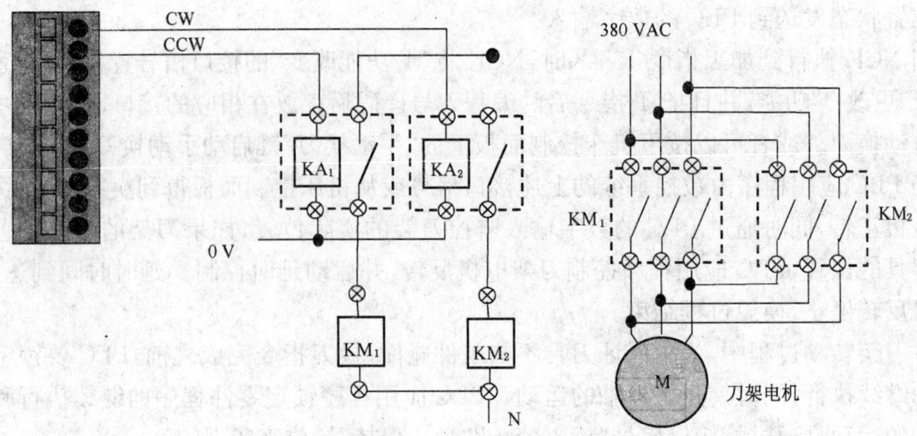

图 5.3　刀架控制电路

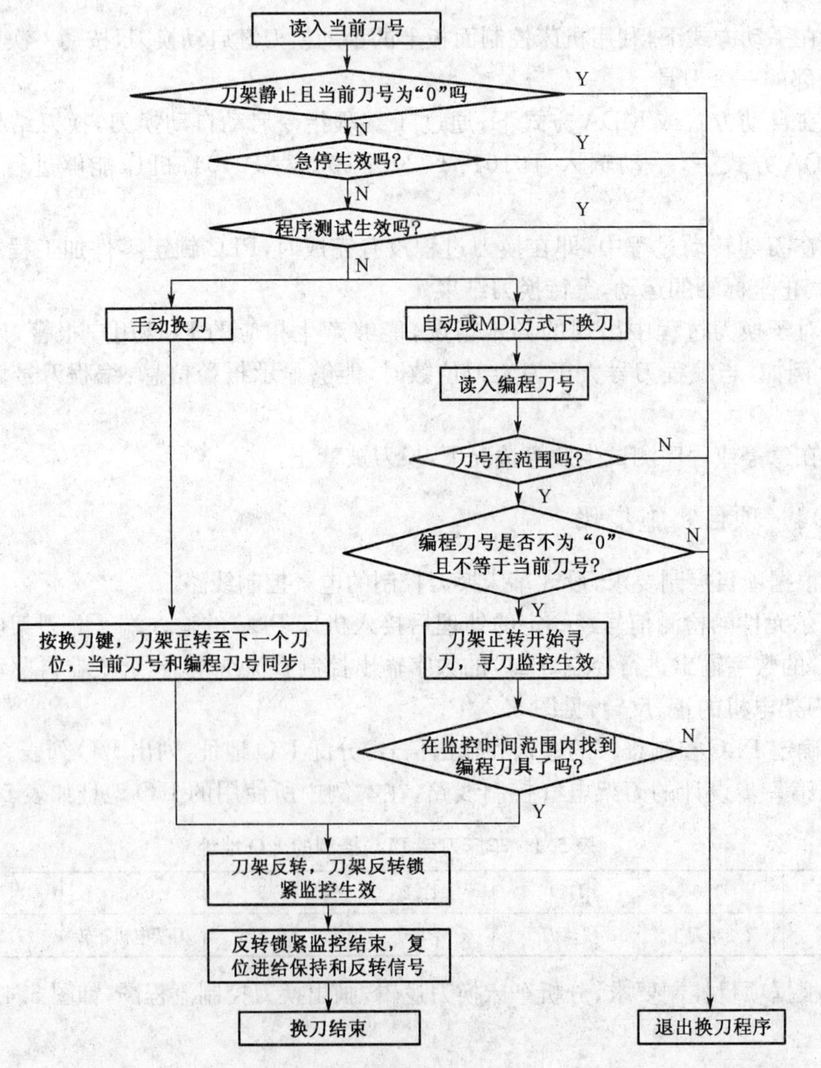

图 5.4　换刀控制流程图

(4) 了解所涉及的接口信号

① 在西门子 SINUMERIK 某型号数控系统中，传送 NC 通道的辅助功能的接口信号区为 V2500××××，如表 5.2 所列。当 NCK 执行到加工指令 T××时，NCK 置 V25000001.4 信号为有效，意为告诉 PLC 更改 T 功能，并且把 T 指令后的编程刀号译码后存放在 V25002000 中。

表 5.2　西门子 SINUMERIK 某型号数控系统与“T 功能”相关的接口信号

2500 PLC 变量	来自 NCK 的通用的辅助功能 接口 NCK→PLC(只读)							
Byte	Bit 7	Bit 6	Bit 5	Bit4	Bit3	Bit2	Bit1	Bit0
25000001				更改 T 功能				
2500 PLC 变量	来自 NCK 的通用的辅助功能(T 功能译码) 接口 NCK→PLC(只读)							
Byte	Bit 7	Bit 6	Bit 5	Bit4	Bit3	Bit2	Bit1	Bit0
25002000	T 功能(数据类型:DWORD)							

② 在刀架转动过程中，接口信号“读入禁止(V32000006.1)”“进给保持”(V32000006.0)自动置位，直到换刀结束，从而保证刀具不与工件碰撞(见表 5.3)。

表 5.3　与换刀时防撞相关的接口信号表

接口信号	信号说明	信号方向
V32000006.1	读入禁止	PLC→NCK
V32000006.0	进给保持	PLC→NCK

③ 在急停或程序测试生效等情况下，换刀被禁止(见表 5.4)。

表 5.4　急停或程序测试相关的接口信号表

接口信号	信号说明	信号方向
V27000000.1	急停有效	NCK→PLC
V33000001.7	程序测试有效	NCK→PLC
V160000003.0	程序测试有效	PLC→NCK

④ 在本例程序中，将 MCP 面板上的自定义键 K4 定义为手动换刀键，将 LED4 定义为换刀指示灯(见表 5.5)。

表 5.5　手动换刀相关的接口信号表

接口信号	信号说明	信号方向
V11000000.3	LED4 自定义	PLC→MCP
V10000000.3	手动换刀键 K4	MCP→PLC

⑤ 本例程序中制作了如下三个用户报警(见表 5.6)。

700023—编程刀号大于刀架刀位数;

700024—找刀监控时间超出;

700025—无刀架定位信号。

表 5.6 用户报警的接口信号表

接口信号	信号说明	信号方向
V160000002.7	有效的报警号 700023	PLC→NCK
V160000003.0	有效的报警号 700024	PLC→NCK
V160000003.1	有效的报警号 700025	PLC→NCK

⑥ 与机床操作方式相关的接口信号(见表 5.7)

表 5.7 机床操作方式相关的接口信号表

接口信号	信号说明	信号方向
V10000003.0	NC 复位	MCP→PLC
V31000000.0	自动方式有效	NCK→PLC
V31000000.7	MDA 方式有效	NCK→PLC
V31000000.2	JOG 方式有效	NCK→PLC

⑦ 其余接口信号见程序具体标注。

(5) PLC 控制程序设计

设计人员可以调用系统制造商提供的参数化示例子程序,实现换刀控制,也可以根据自己的要求,自行编写 PLC 程序。系统制造商提供的换刀子程序,采用参数编程,具有很好的柔性,可以适应不同机床的不同刀架的控制要求,为机床制造厂提供开放的平台。具体系统制造商示例子程序的说明和调用参见西门子相关手册。

本项目所列程序以西门子示例子程序为模板,采用非参数编程,如刀架最大刀具号、刀架锁紧时间、找刀监控时间等参数在程序中以固定常量值给定,目的在于适当简减原示例子程序,以利于更快的理解和掌握数控车床换刀的基本控制过程。

新建一个子程序名为 TURRET1 的换刀子程序图,主程序调用 TURRET1 换刀子程序如图 5.5 所示。

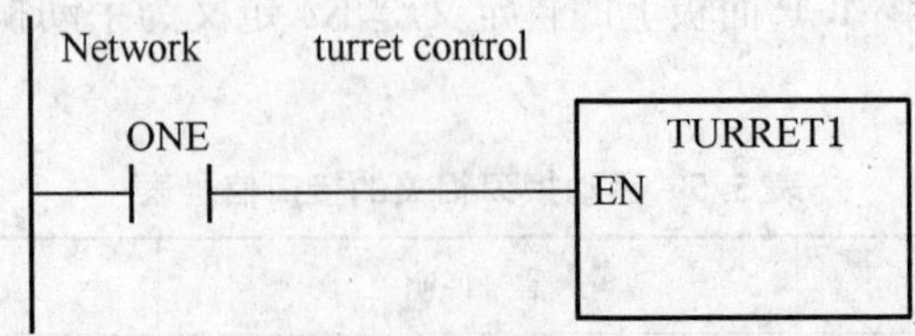

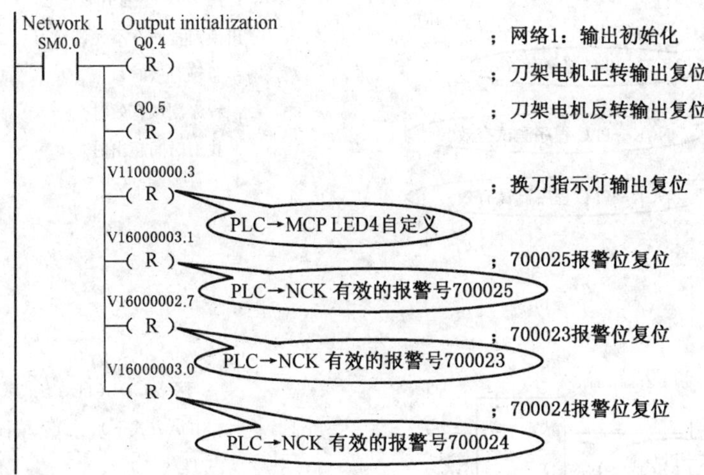
Network 1 Output initialization
SM0.0
Q0.4
(R)
Q0.5
(R)
V11000000.3
(R)
PLC→MCP LED4自定义
V16000003.1
(R)
PLC→NCK 有效的报警号700025
V16000002.7
(R)
PLC→NCK 有效的报警号700023
V16000003.0
(R)
PLC→NCK 有效的报警号700024
；网络1：输出初始化
；刀架电机正转输出复位
；刀架电机反转输出复位
；换刀指示灯输出复位
；700025报警位复位
；700023报警位复位
；700024报警位复位

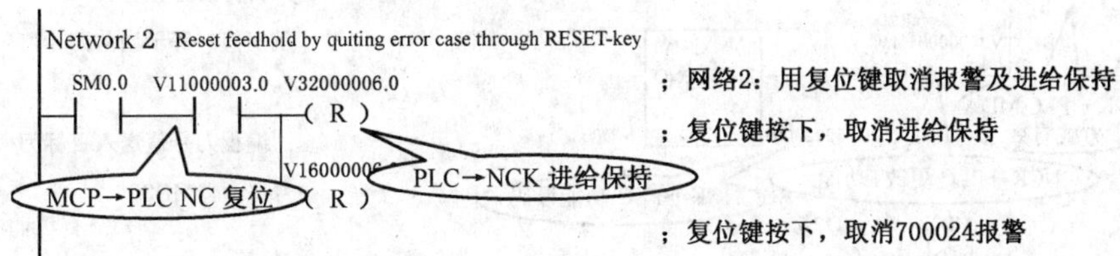
Network 2 Reset feedhold by quiting error case through RESET-key
SM0.0
V11000003.0
V32000006.0
(R)
MCP→PLC NC 复位
PLC→NCK 进给保持
(R)
；网络2：用复位键取消报警及进给保持
；复位键按下，取消进给保持
；复位键按下，取消700024报警

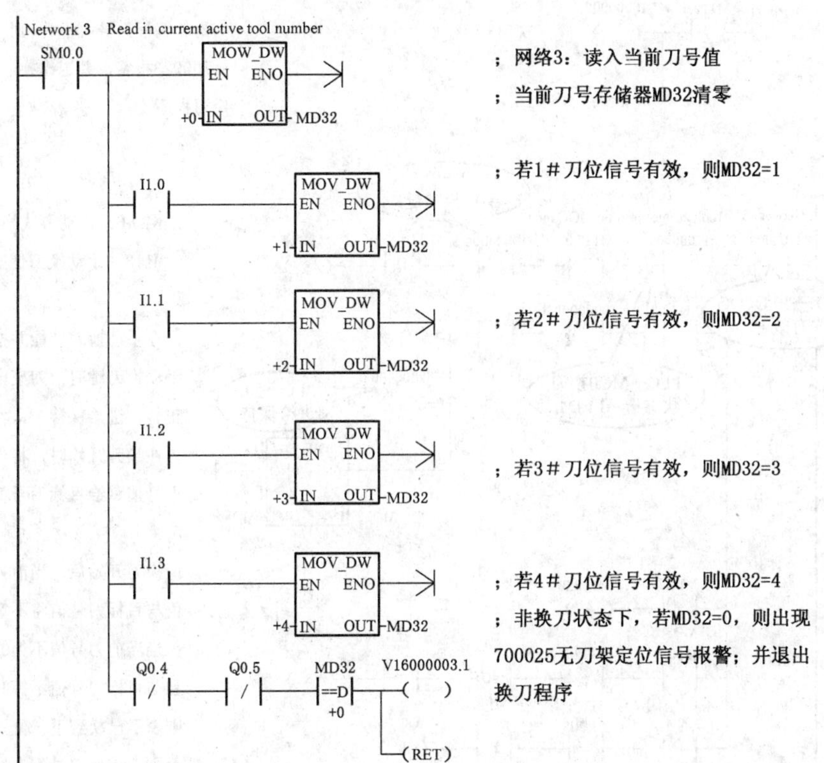
Network 3 Read in current active tool number
SM0.0
MOW_DW
EN ENO
+0 IN OUT MD32
I1.0
MOV_DW
EN ENO
+1 IN OUT MD32
I1.1
MOV_DW
EN ENO
+2 IN OUT MD32
I1.2
MOV_DW
EN ENO
+3 IN OUT MD32
I1.3
MOV_DW
EN ENO
+4 IN OUT MD32
Q0.4
Q0.5
MD32
==D
+0
V16000003.1
( )
(RET)
；网络3：读入当前刀号值
；当前刀号存储器MD32清零
；若1＃刀位信号有效，则MD32=1
；若2＃刀位信号有效，则MD32=2
；若3＃刀位信号有效，则MD32=3
；若4＃刀位信号有效，则MD32=4
；非换刀状态下，若MD32=0，则出现700025无刀架定位信号报警；并退出换刀程序

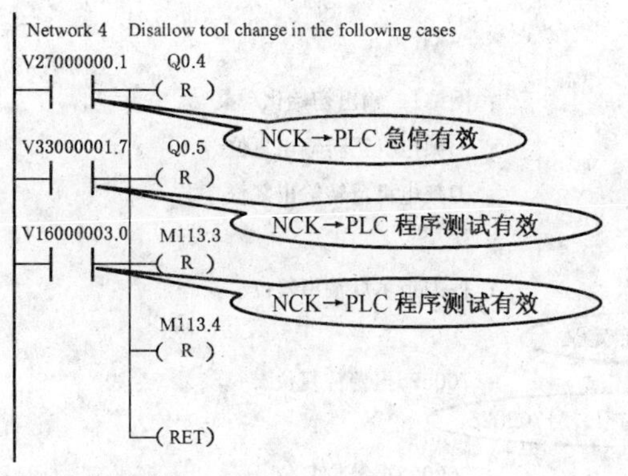

；网络4：下列情形下退出换刀程序，不允许换刀

；急停有效时

；程序测试有效时

；找刀时间超出时

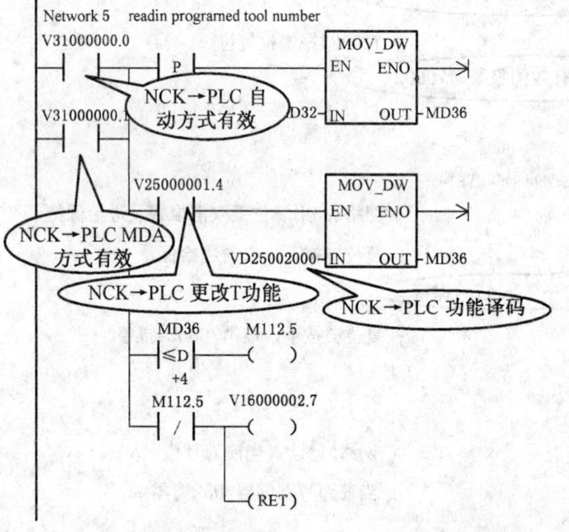

；网络5：（自动方式或MDA方式下），读入编程刀号

；目标刀号寄存器MD36赋初值，等于当前刀号值

；编程刀号值送入目标刀号寄存器MD36

；若编程刀号大于4，则700023报警，并退出换刀程序

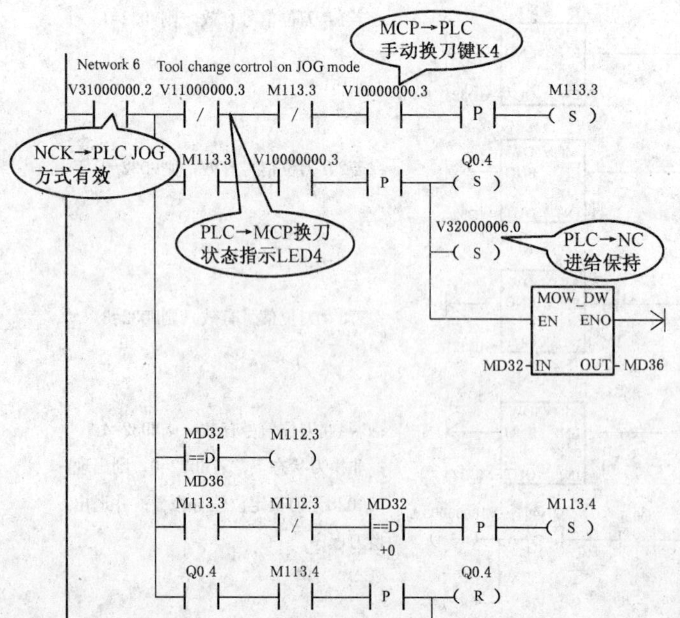

；网络6：点动方式换刀

；M113.3手动换刀使能

；在手动换刀使能并按下手动换刀键时，刀架电机正转，进给保持

；在换刀开始时，将当前刀号值赋给目标刀号值

；换刀开始后，当前刀号值与目标刀号值将不等

；当当前刀号值不为0且与目标刀号值不等时，则表示已换到下一位置，否则正转换刀过程未结束

Network 7　Tool change control on AUTO or MDA mode
V31000000.0　MD36 ==D +0　NOT　M112.6 ( )
V31000000.1　MD32 ==D MD32　NOT　M112.7 ( )
V25000001.4　V10000000.3 /　M112.6　M112.7　Q0.4 (S)　V32000006.0 (S)
Q0.4　Q0.5 /　MD36 ==D MD32　Q0.4 (R)　Q0.5 (S)

；网络7：自动或MDA方式下换刀
；由网络5可知，自动或MDA方式下，MD36中存储的是T指令的编程刀号值
；当编程刀号不为0且不等当前刀号值时，正转换刀开始，同时进给保持
；当当前刀号等于编程刀号时，正转换刀结束，反转锁紧开始

Network 8　Tool holder turn time control
V31000000.2 /　Q0.4　P　T15 IN TON　+150 PT
V31000000.2　L6.0 /
T15　V16000003.0 (S)
V10000000.3

；网络8：换刀时间监控
；T15：换刀时间监控计时器
；当刀架电机正转开始，T15计时
；若T15计时时间到，电机还处于正转找刀状态，则700024找刀监控时间报警

Network 9　Turret clamping delay
SM0.0　Q0.5　T1 IN TON　+10 PT
Q0.4 /　Q0.5　T14　Q0.5 (R)　V32000006.0 (R)　M113.4 (R)　M113.3 (R)

；网络9：刀架反转延时
；T14：反转延时计时器
；反转延时到，反转锁紧过程结束，整个换刀过程结束

Network 10　Output Turret control signals
Q0.4　V11000000.3 ( )
Q0.5

；网络10：换刀状态输出
；自定义指示灯LED4为换刀状态指示

图 5.5　PLC 主程序调用无参数换刀子程序

5.1.5 项目的考核与验收

项目的考核与验收如表 5.8 所示。

表 5.8 数控车床自动换刀项目考核验收表

序号	考核内容	考核要求	所占比重
1	数控车床刀架基本知识	数控车床换刀的要求； 刀架种类、性能和特点；	5
2	数控车床刀架电气控制电路	刀架电气控制电路设计； 刀架电气控制电路硬件故障的诊断和排除；	10
3	数控车床换刀流程	车床换刀流程图的设计；	15
4	数控车床换刀接口信号	接口信号的作用； 换刀接口信号的使用； 查询 I/O 存储单元中的信号； 访问和修改相关的 PLC 接口信号；	15
5	数控车床换刀 PLC 控制程序的分析	换刀 PLC 控制程序段的阅读和分析； 体会根据流程图组织程序 PLC 控制； 体会中间变量的作用； 换刀 PLC 控制程序故障的诊断和排除； 体会 PLC 用户报警的作用；	35
6	数控车床换刀 PLC 控制程序的设计	换刀 PLC 控制程序段的修改和设计； PLC 用户报警的制作。	15

5.2 加工中心无机械手盘式刀库控制

5.2.1 项目教学目的

(1) 掌握数控加工中心刀库的基本知识；
(2) 熟悉无机械手盘式刀库换刀的动作过程；
(3) 理解无机械手盘式刀库换刀控制的原理；
(4) 掌握无机械手盘式刀库电气控制线路设计和连接；
(5) 熟悉无机械手盘式刀库控制过程中的主要信号及其作用；
(6) 理解无机械手盘式刀库的控制时序；
(7) 掌握数控加工中心刀库换刀循环程序的设计；
(8) 掌握数控加工中心刀库 PLC 控制程序的设计方法；
(9) 掌握无机械手盘式刀库 PLC 控制程序的调试步骤。

5.2.2 项目背景知识

加工中心刀库结构各式各样，按照机械结构划分，刀库可以分为盘式刀库和链式刀库；

按照换刀方式划分，可以分为主轴直接取刀方式和机械手换刀方式；按照刀具管理方式，可以分为固定刀位管理和随机刀位管理。

无机械手的盘式刀库俗称斗笠式刀库，其机械结构简单，成本较低，而且容易控制，因而在小型加工中心上得到了广泛的应用。本项目以无机械手的盘式刀库为例，介绍加工中心自动换刀系统的基本控制过程。

(1) 盘式刀库的结构和工作原理

无机械手盘式刀库的外形及结构如图5.6所示，这种刀库在机床上具有前后两个位置，通过气动或液压装置使刀库在两个位置上前后移动，并通过两个行程开关来确认刀库的前后位置，刀库前位时刀库最外的刀具正好与主轴刀套在同一条轴线上。盘式刀库没有换刀机械手，先将主轴上的刀具还回刀库对应的位置上，再将目标刀具由刀库取到主轴上来。

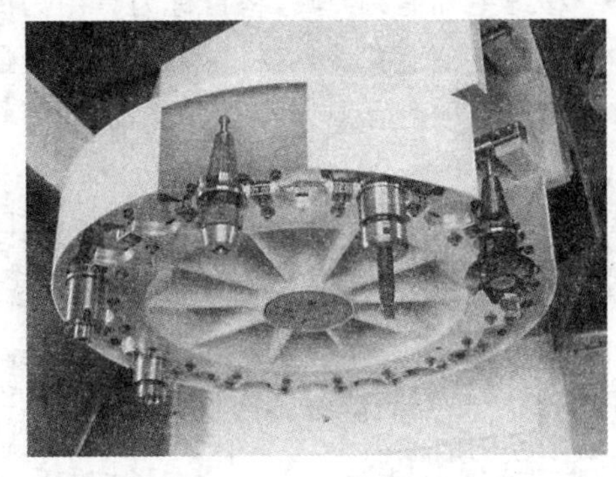

图5.6　加工中心和无机械手盘式刀库

具体的换刀过程是通过刀库的伸出和缩回，刀库与Z轴和主轴的配合实现的。首先，PLC应用程序根据主轴有效刀具号，控制刀库就近方向旋转，将刀库对应的空刀位转到换刀位置，然后主轴送刀，即Z轴运行进入换刀位置并主轴准停，之后刀库向前移动进入换刀位置(刀库前位)进行取刀，主轴配合松刀交出刀具，之后Z轴上行返回换刀准备位置并主轴紧刀，刀库退回原始位置，还刀过程结束。取刀过程首先是刀库将目标刀具按就近方向转到换刀位置，Z轴进入换刀准备位置，然后刀库送刀，即刀库向前移动进入换刀位置，主轴准停并松刀，然后主轴取刀，即Z轴下行进入换刀位置抓刀，抓刀后主轴紧刀，最后刀库退回原始位置，同时Z轴上行返回换刀准备位置，取刀过程结束。

刀库采用普通三相异步电机驱动，可正转或反转。在刀库上设有刀具计数开关，检测刀库的旋转，每转过一个刀位，产生一个脉冲信号，有些刀库还配备了原点开关。刀库相关的输入输出信号随刀库配置不同而有一些不同，但主要信号基本一致，盘式刀库换刀最基本信号如下，相关的输入输出信号如表5.9所列。

表 5.9 无机械手盘式刀库自动换刀控制的基本输入输出信号列表

序 号	输入信号	输出信号
1	刀库计数	刀库正转
2	刀库在主轴位(前位到位信号)	刀库反转
3	刀库在原点位(后位到位信号)	刀库进入换刀位(伸出)
5	刀库原点	刀库进入原始位(缩回)
6	刀具在松开位置(主轴松刀到位信号)	主轴松刀允许指示灯
7	刀具在锁紧位置(主轴紧刀到位信号)	

(2) 盘式刀库的特点

① 固定刀位管理

刀库采用固定刀位管理,即刀库中的每一个刀套都有固定的编号,每个刀套只用于安装一把固定的刀具,刀套的编号即是刀具的号码。

② 盘式刀库的三个基本动作

● 取刀:主轴上无刀具,将目标刀具由刀库取到主轴上来。

● 还刀:主轴上有刀具,将主轴上的刀具还回刀库对应的位置上。

● 换刀:主轴上有刀具,先将主轴上的刀具还回刀库对应的位置上,再将目标刀具由刀库取到主轴上来。

由于采用固定刀位管理,刀具的交换实际上是还刀和取刀两个动作的合成,因此刀库的控制只有两个换刀动作,即还刀和取刀。

③ 就近找刀

换刀时,根据目标刀具号和当前刀具号的差值判断刀库应该正转还是反转,实现就近找刀,减少换刀时间。

(3) 盘式刀库换刀过程

① 取刀过程如图 5.7 所示。

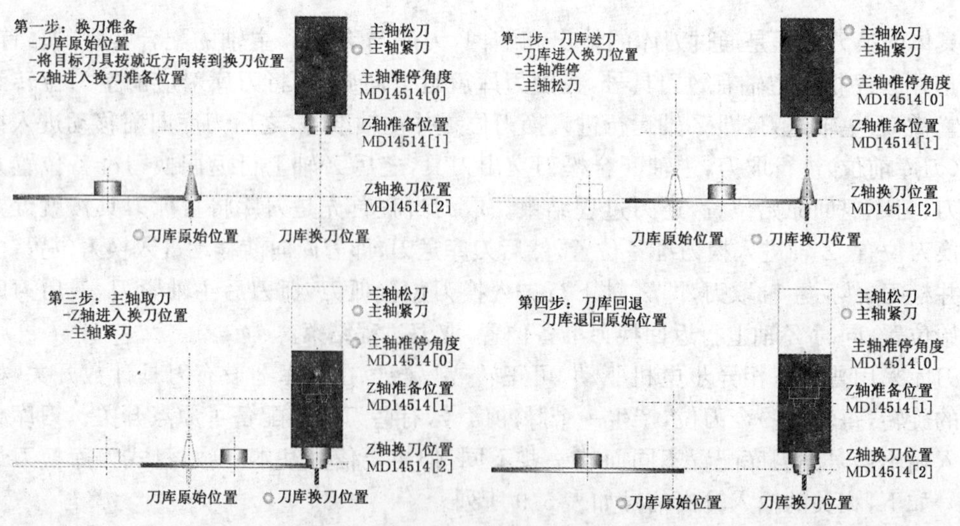

图 5.7 无机械手盘式刀库的取刀过程

a. 刀库将目标刀具按就近方向转到换刀位置；

b. Z 轴进入换刀准备位置；

c. 刀库进入换刀位置；

d. 主轴准停、主轴松刀；

e. Z 轴进入换刀位置(速度由 MD14514[3]机床数据设定)；

f. 主轴紧刀；

g. 刀库退回原始位置；

h. Z 轴返回换刀准备位置(速度由 MD14514[4]机床数据设定)。

② 还刀过程如图 5.8 所示。

a. 根据主轴有效刀具号，刀库按就近方向旋转，将对应的空刀位转到换刀位置；

b. Z 轴进入换刀准备位置、主轴准停；

c. Z 轴进入换刀位置(速度由 MD14514[3]机床数据设定)；

d. 刀库进入换刀位置；

e. 主轴松刀；

f. Z 轴返回换刀准备位置；

g. 主轴紧刀；

h. 刀库退回原始位置。

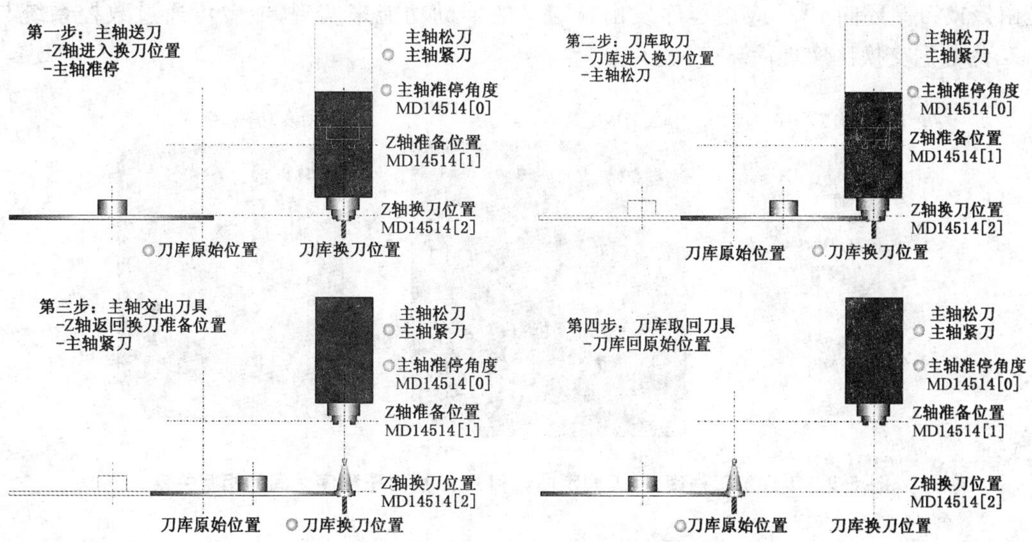

图 5.8　无机械手盘式刀库的还刀过程

(4) 刀库的动作监控及互锁

刀库换刀时，每一个动作正确完成是下一个动作启动的必要条件，为了保证刀库换刀的安全可靠，在设计相应的 PLC 程序时，必须对每一个动作的执行情况进行监控，避免出现事故，可能出现的事故有以下几种：

① 取刀时，Z 轴没有移动到换刀准备位置，刀库伸出过程中，可能与 Z 轴溜板相碰撞。

② 取刀时，如果刀库没有伸出到位，或主轴没有松刀到位、或主轴没有准停，Z 轴向换刀位置移动时，可能造成 Z 轴溜板碰撞刀库。

③ 还刀时,由于 Z 轴没有移动到换刀位置,或者主轴没有准停到位,刀库伸出时,可能会撞到 Z 轴溜板。

④ 还刀时,刀库已经伸出抓住主轴上的刀具,这时,如果主轴没有松刀到位,Z 轴向上移动时,可能导致刀库损坏。

⑤ 还刀时,如果 Z 轴没有向上移动到换刀准备位置,刀库在缩回时,已经还回到刀库的刀具可能会脱落,砸坏机床工作台。

可见,要设计一个可靠的刀库控制系统,首先必须选用可靠的传感器,例如,松刀、紧刀到位检测开关,Z 轴的换刀位置和换刀准备位置检测开关等。

(5) PLC 应用程序与数控换刀循环的配合(见图 5.9)

整个换刀过程的控制是由 PLC 应用程序和数控系统的换刀循环相互配合完成的。刀库的旋转、伸出和缩回、主轴的松刀和紧刀都是由 PLC 应用程序控制,而 Z 轴的上下移动是由换刀循环程序来完成。换刀循环程序是由机床制造厂根据刀库的控制方案而设计好存放在相应的目录中。在最终用户的零件程序中,换刀指令是按照数控编程标准编制的,例如 T3M06。其中,T 功能用来确定目标刀具号,辅助指令 M06 用于启动换刀循环。通过数控系统参数设置,可以设定在加工程序运行到换刀指令 M06 时,自动调用一个零件程序,这个零件程序就是上述换刀循环。在换刀循环启动后,换刀过程由该程序控制。在换刀循环中,对于 Z 轴的上下移动,与零件程序中的轴运动指令完全相同。对于刀库的各种动作,也是由该换刀循环向 PLC 应用程序发出自定义的辅助功能来实现,或者可通过数控系统与 PLC 的数据交换区实现信息交换。

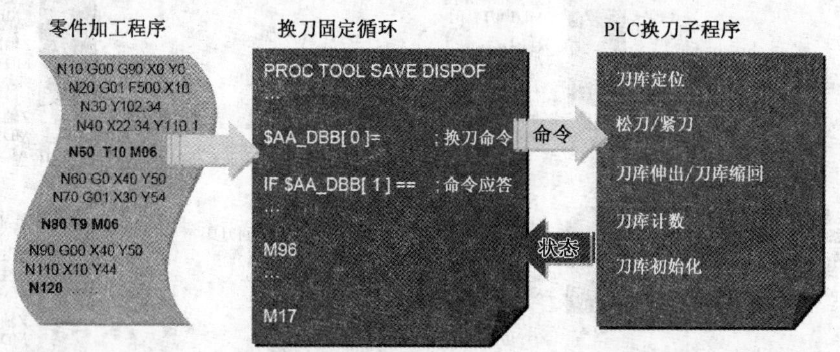

图 5.9　零件加工程序、换刀固定循环和 PLC 换刀子程序之间的相互关系

5.2.3　项目要求

(1) 在参考点方式下,按下"刀库原点"键完成刀库的初始化。

(2) 在手动方式下,可以按下"刀库正转键","刀库反转键","刀库到主轴位键","刀库到换刀位键"来手动控制刀库的正转,反转,到达主轴位置,到达换刀位置。

(3) 在自动方式下,用户编写零件程序时需要执行 M06 来调用换刀子程序,子程序 60 需要和换刀子程序共同配合完成换刀动作。换刀控制有三种情况,分别为还刀,取刀及换刀。

① 当主轴上有刀具,同时用户编写 T0 时,需要将主轴上的刀具还回到刀库盘上,这是

还刀过程。

② 当主轴上没有刀具，同时用户编写 Tx(x 不等于 0)，需要将所要求的刀从刀库盘上取出并安装到主轴上。

③ 当主轴上有刀具，同时用户编写 Tx(x 不等于 0，也不等于主轴上的刀具号)，此时需要先将主轴上的刀具还回到刀库盘，然后再从刀库盘中取出所要求的刀具。

5.2.4　项目实施步骤

(1) 根据项目控制要求和设计无机械手盘式刀库换刀控制的电气控制线路，电气原理图略。

(2) 确定 PLC 控制程序的输入和输出信号，分配 I/O 地址，列出 I/O 列表。

根据第一步设计的盘式刀库电气控制线路，在本项目中所使用的 I/O 地址如表 5.10 所列。

表 5.10　盘式无机械手换刀 PLC 控制的 I/O 地址

序　号	端子号	PLC 地址	输入信号描述	备　注
1	X101.4	I1.2	刀库计数	低电平有效
2	X101.5	I1.3	刀库在主轴位(前位到位信号)	低电平有效
3	X101.6	I1.4	刀库在原点位(后位到位信号)	低电平有效
4	X101.7	I1.5	刀具在松开位置(主轴松刀到位)	低电平有效
5	X101.8	I1.6	刀具在锁紧位置(主轴紧刀到位)	低电平有效
	端子号	PLC 地址	输出信号描述	
1	X201.2	Q1.0	刀库正转	
2	X201.3	Q1.1	刀库反转	
3	X201.4	Q1.2	刀库进入换刀位(伸出)	
4	X201.5	Q1.3	刀库进入原始位(缩回)	
5	X201.6	Q1.4	主轴松刀	
6	X201.7	Q1.5	主轴松刀允许指示灯	

(3) 根据项目控制要求和分析加工中心盘式刀库换刀逻辑，画出换刀控制流程图，如图 5.10 所示。

(4) 换刀固定循环的设计

数控系统支持 M 代码或 T 代码实现加工中心换刀，当执行相应的 M 代码或 T 代码时，自动调用数控系统的换刀固定循环，因此编制正确的换刀固定循环程序是实现自动换刀的必要条件。

① 相关参数的正确设置

在 NC 加工程序中，执行到"T * * M06"时，NC 预读 T 指令，送入 PLC，再读入 M06 指令，自动调用换刀循环子程序。为了能够实现系统能自动调用换刀循环程序，必须对相关机床参数进行正确设置，所需设置参数和设置值说明如表 5.11 所示。

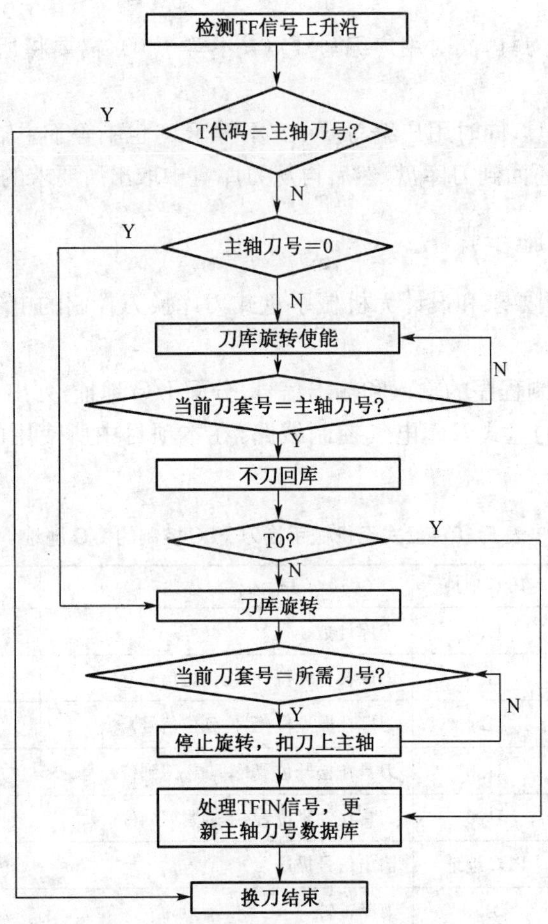

图 5.10　无机械手盘式刀库换刀流程图

表 5.11　相关机床参数说明

机床参数	设置值	参数意义
MD10715	6	调用子程序的 M 功能;设置值 6 表示 M06 调用换刀循环
MD10716	DISK_MGZ	换刀循环文件名;即换刀循环文件名为“DISK_MGZ”
MD22550	1	利用 M 代码激活刀具参数
MD22560	206	激活刀具参数的 M 代码;M206 激活刀具参数

② 换刀固定循环的参数化设计

机床在批量生产中,由于一些可变的因素,如刀库中的刀具总数、Z 轴的换刀准备位置和换刀位置、主轴准停角度等在不同的机床上会有不同,换刀过程应该采用参数化设计。即将每台机床上可能不同的值用 PLC 参数来表示,在生产过程中只需将每台机床的实际值输入相对应的参数中,而不需要修改换刀循环和 PLC 控制程序。利用数控系统提供的 PLC 参数,用户可以对这些 PLC 参数进行定义,并将参数编入换刀循环及 PLC 应用程序中。表 5.12 中列出了本项目中所用到的参数的定义和参数的实际应用。

表 5.12　自定义参数用于换刀控制

参数号	换刀循环中的变量名	PLC 地址	参数描述
MD14510[20]	$MN_USER_DATA_INT[20]	DB4500.DBW40	刀库最大刀位号
MD14514[0]	$MN_USER_DATA_FLOAT[0]	DB4500.DBD2000	主轴准停角度
MD14514[1]	$MN_USER_DATA_FLOAT[1]	DB4500.DBD2004	Z 轴换刀准备位
MD14514[2]	$MN_USER_DATA_FLOAT[2]	DB4500.DBD2008	Z 轴换刀位
MD14514[3]	$MN_USER_DATA_FLOAT[3]	DB4500.DBD2012	Z 轴进入换刀位速度
MD14514[4]	$MN_USER_DATA_FLOAT[4]	DB4500.DBD2016	Z 轴返回换刀准备位速度

可以看出，每一个 PLC 参数在数控系统参数界面上的表示方法是参数名，同样这个参数，在换刀循环中的表示方法是一个变量名，而在 PLC 应用程序中的表示方法是一个地址。

③ 常用系统变量说明

系统变量是系统中定义供用户使用的变量，它们具有固定的预设含义。通过系统变量可在零件程序与循环程序中存取当前控制系统、机床以及编程和加工步骤等的一些状态信息。系统变量的一个显著特点是其名称通常包含一个前缀，该前缀以 $ 字符之后跟随一个或两个字母以及一条下划线的形式构成。本项目中用到的系统变量及其说明如表 5.13 所列。

表 5.13　常用系统变量列表

系统变量	系统变量的意义	系统变量类型
$P_ISTEST	程序测试状态	布尔变量
$P_SEARCH	程序搜索运行状态	布尔变量
$P_TOOLNO	主轴刀套内的刀具号	整数型
$P_TOOLP	编程刀具号	整数型
$PATH	程序的存放路径	

此外，808D 系统提供了一个 4096 字节的公共存储器用于 NC 和 PLC 交换数据。PLC 定义了接口地址 DB4900.DBX0.0～DB4900.DBX4095.7 对应于这个公共存储器，可以按字节、字、长字对其进行读写；NC 定义了系统变量 $A_DBX[n]对应于这个公共存储器，在加工程序中可以利用系统变量对该存储器进行读写。系统变量 $A_DBB[n]表示字节变量(8 位)，$A_DBW[n]表示字变量(16 位)，$A_DBD[n]表示长字变量(32 位)，$A_DBR[n]表示浮点变量(32 位)，n 表示地址偏移量。例 R1＝$A_DBR[4]；表示读一个浮点数，[4]表示从该数据区的第 4 个字节开始。在本项目中用到的公共存储器变量及其意义说明如表 5.14 所列。

表 5.14　公共存储器系统变量自定义说明

PLC 中变量地址	加工程序/循环中的系统变量	变量意义	在项目中的应用
DB4900.DBW20	$A_DBW[20]	当前刀号	PLC→NC 加工程序

续表 5.14

PLC 中变量地址	加工程序/循环中的系统变量	变量意义	在项目中的应用
DB4900.DBB22	$A_DBW[22]	目标刀号	NC 加工程序→PLC
DB4900.DBB24	$A_DBB[24]	来自换刀子程序的换刀命令	=0 刀库不转 =1 刀库正转 =2 刀库反转

④ 换刀固定循环

换刀固定循环必须保存在一个循环目录中,并且含有一个 PROC 指令。$PATH 指令指定了换刀固定循环的保存目录,PROC 指令是一个程序的第一个指令,SAVE 指令在子程序调用时保护信息,记录了换刀指令生效之前有效的零点偏移,在换刀循环结束时可自动恢复程序偏移。DISPLOF 指令是抑制当前的程序段显示。DEF INT 指令定义了一些用户整形变量,用户变量的名称由用户根据变量的意义自行定义,以便于理解的原则来定义。STOPRE 指令为停止预处理指令,如果在程序段中编程了 STOPRE 指令,程序段预处理和缓存过程将被终止,只有当全部执行了所有预处理并缓存的程序段后,才开始执行后面的程序段。

本换刀固定循环程序首先判断加工程序是否处于测试状态和段搜索状态,如是,则跳转至_END 标志,换刀循环程序结束并返回主程序,如不是则继续往下执行,判断刀具号是否大于最大刀号,编程刀具是否等于主轴刀号及判断结果、信息的显示等控制条件,取消零点偏置和刀具补偿,以保证 Z 轴到达的坐标位置为换刀的位置。具体示例如下:

```
%_N_ DISK_MGZ_SPF                          ;换刀循环名为 DISK_MGZ
;$PATH=/_N_CST_DIR                         ;换刀循环路径
PROC TOOL_CHG SAVE DISPLOF                 ;换刀循环定义
DEF INT MAX_TOOL_MGZ,HALF_MAX,POS_DIF
IF $P_ISTEST==1 GOTOF_END                  ;若程序测试状态换刀不执行
IF $P_SEARCH<>0GOTOF_END                   ;若段搜索状态换刀不执行
IF $P_TOOLNO==$P_TOOLP GOTOF_NOCHG1        ;若编程刀号=主轴刀号,无换刀动作
IF $P_TOOLP>$MN_USER_DATA_INT[20] GOTOF_NOCHG2    ;若编程刀号>刀库最大刀号,无换刀
;开始换刀
MAX_TOOL_MGZ=$MN_USER_DATA_INT[20]
                                           ;MD14510[20]刀库最大刀位号
HALF_MAX=MAX_TOOL_MGZ/2
STOPRE
G500 D0                                    ;取消零点偏移,取消刀具补偿
;换刀控制
IF($P_TOOLP==0)AND($P_TOOLNO<>0)GOTOF_RET_T
IF($P_TOOLP<>0)AND($P_TOOLNO==0)GOTOF_GET_T
IF($P_TOOLP<>0)AND($P_TOOLNO<>0)GOTOF_EXC_T
```

```
GOTOF_EXIT
_RET_T：    ;还刀
MSG("return tool in progress... ")
$A_DBW[22]=$P_TOOLNO                       ;设置目标刀号=主轴刀号,送入PLC
POS_DIF=$P_TOOLNO-$A_DBW[20]               ;计算位置偏差,就近换刀
IFPOS_DIF==0 GOTOF _Z_POS                  ;若位置偏差=0,刀库不转
IF(((POS_DIF>0)AND(POS_DIF<=HALF_MAX))OR((POS_DIF<0)AND
(POS_DIF<-HALF_MAX)))
$A_DBB[24]=1                               ;刀库正转
IF(((POS_DIF>0)AND(POS_DIF>=HALF_MAX))OR((POS_DIF<0)AND
(POS_DIF>-HALF_MAX)))
$A_DBB[24]=2                               ;刀库反转
_Z_POS:
;Z轴进入换刀准备位
G90 G01
F=$MN_USER_DATA_FLOAT[4]                   ;Z轴进入换刀准备位速度
G153 Z=$MN_USER_DATA_FLOAT[1] SPOS=$MN_USER_DATA_FLOAT
[0]                                        ;Z轴进入换刀准备位
;Z轴进入换刀位
F=$MN_USER_DATA_FLOAT[3]                   ;Z轴进入换刀位速度
G153 G1 Z=$MN_USER_DATA_FLOAT[2] SPOS=$MN_USER_DATA_
FLOAT[0]                                   ;Z轴换刀位
M21                                        ;刀库去主轴位
M26                                        ;主轴松刀
G4 F1
;Z轴返回换刀准备位
F=$MN_USER_DATA_FLOAT[4]                   ;Z轴返回换刀准备位速度
G153 G1 Z=$MN_USER_DATA_FLOAT[1]           ;Z轴进入换刀准备位
T0 M206                                    ;激活刀具参数
M22                                        ;刀库去原始位
M25                                        ;主轴锁刀
STOPRE
GOTO _END
_EXC_T：    ;换刀,换刀过程包括:1.还刀,2.取刀
;换刀过程第一步:还刀
MSG("换刀过程,还刀:主轴刀号 T"<<$P_TOOLNO<<"还回刀库.")
$A_DBW[22]=$P_TOOLNO                       ;设置目标刀号=主轴刀号,送入PLC
POS_DIF=$P_TOOLNO-$A_DBW[20]               ;计算位置偏差
IFPOS_DIF==0 GOTOF _Z_POS1                 ;若位置偏差=0,刀库不转
```

```
IF (((POS_DIF>0)AND(POS_DIF<=HALF_MAX))OR((POS_DIF<0)AND
(POS_DIF<-HALF_MAX)))
$A_DBB[24]=1                              ;刀库正转
IF (((POS_DIF>0)AND(POS_DIF>=HALF_MAX))OR((POS_DIF<0)AND
(POS_DIF>-HALF_MAX)))
$A_DBB[24]=2                              ;刀库反转
_Z_POS1:
;Z轴进入换刀准备位
G90 G01
F=$MN_USER_DATA_FLOAT[4]                  ;Z轴进入换刀准备位速度
G153 Z=$MN_USER_DATA_FLOAT[1] SPOS=$MN_USER_DATA_FLOAT
[0]                                       ;Z轴进入换刀准备位
;Z轴进入换刀位
F= $MN_USER_DATA_FLOAT[3]                 ;Z轴进入换刀位速度
G153 G1 Z=$MN_USER_DATA_FLOAT[2] SPOS=$MN_USER_DATA_
FLOAT[0]     ;Z轴换刀位
M21                                       ;刀库去主轴位
M26                                       ;主轴松刀
G4 F1
;Z轴返回换刀准备位;
F=$MN_USER_DATA_FLOAT[4]                  ;Z轴进入换刀准备位速度
G153 G1 Z=$MN_USER_DATA_FLOAT[1]          ;Z轴进入换刀准备位
;换刀过程第二步:取刀
MSG("换刀过程:取刀:把T"<<$P_TOOLP<<"从刀库取到主轴")
$A_DBW[22]=$P_TOOLP                       ;设置目标刀号=编程刀号,送入PLC
POS_DIF=$P_TOOLP-$A_DBW[20]               ;计算位置偏差,就近换刀
IFPOS_DIF==0 GOTOF _Z_POS2                ;若位置偏差=0,刀库不转
IF (((POS_DIF>0)AND(POS_DIF<=HALF_MAX))OR((POS_DIF<0)AND
(POS_DIF<-HALF_MAX))) $A_DBB[24]=1   ;刀库正转
IF (((POS_DIF>0)AND(POS_DIF>=HALF_MAX))OR((POS_DIF<0)AND
(POS_DIF>-HALF_MAX))) $A_DBB[24]=2   ;刀库反转
G4 F1
_Z_POS2:
;Z轴进入换刀位
F= $MN_USER_DATA_FLOAT[3]                 ;Z轴进入换刀位速度
G153 G1 Z=$MN_USER_DATA_FLOAT[2] SPOS=$MN_USER_DATA_
FLOAT[0] ;Z轴换刀位
M25                                       ;主轴锁刀
M22                                       ;刀库去原始位
```

```
;Z 轴回换刀准备位
F=$MN_USER_DATA_FLOAT[4]                    ;Z 轴进入换刀准备位速度
G153 G1 Z=$MN_USER_DATA_FLOAT[1]            ;Z 轴进入换刀准备位
T=$P_TOOLP M206
GOTO _END
_GET_T:        ;取刀
MSG("take tool in progress... ")
$A_DBW[22]=$P_TOOLP                         ;设置目标刀号=编程刀号,送入 PLC
POS_DIF=$P_TOOLP-$A_DBW[20]                 ;计算位置偏差,就近换刀
IFPOS_DIF==0 GOTOF _Z_POS3                  ;若位置偏差=0,刀库不转
IF (((POS_DIF>0)AND(POS_DIF<=HALF_MAX))OR((POS_DIF<0)AND
(POS_DIF<-HALF_MAX))) $A_DBB[24]=1          ;刀库正转
IF (((POS_DIF>0)AND(POS_DIF>=HALF_MAX))OR((POS_DIF<0)AND
(POS_DIF>-HALF_MAX))) $A_DBB[24]=2          ;刀库反转
_Z_POS3:
; Z 轴进入换刀准备位;
G90 G01
F=$MN_USER_DATA_FLOAT[4]                    ;Z 轴进入换刀准备位速度
G153 G1 Z=$MN_USER_DATA_FLOAT[1] SPOS=$MN_USER_DATA_
FLOAT[0];Z 轴进入换刀准备位
M21                                         ;刀库去主轴位
M26                                         ;主轴松刀
;Z 轴进入换刀位
F= $MN_USER_DATA_FLOAT[3]                   ;Z 轴进入换刀位速度
G153 G1 Z=$MN_USER_DATA_FLOAT[2] SPOS=$MN_USER_DATA_
FLOAT[0]                                    ;Z 轴换刀位
M22                                         ;主轴锁刀
M25                                         ;刀库去原始位
;Z 轴返回换刀准备位
F=$MN_USER_DATA_FLOAT[4]                    ;Z 轴进入换刀准备位速度
G153 G1 Z=$MN_USER_DATA_FLOAT[1]            ;Z 轴进入换刀准备位
T=$P_TOOLP M206                             ;激活刀具参数
GOTO _END
_NOCHG1:
MSG("无换刀动作,原因:编程刀具号=主轴刀具号")
G04 F1
GOTOF _EXIT
_NOCHG2:
MSG("无换刀动作,原因:编程刀号>刀库最大刀位号,按循环启动键或复位键")
```

```
M00
GOTO _EXIT
_END:
M05                ;主轴回速度控制模式
_EXIT:
M17
```

(5) PLC 控制程序

① MCP 面板上的刀库手动调试按键

为了刀库调试的方便,需设计刀库的手动调试方式。刀库手动调试时需要的手动操作功能有刀库正转、刀库反转、刀库去换刀位(刀库伸出)、刀库去主轴位(刀库缩回)、松刀使能及主轴松刀等。在机床操作面板(MCP)上,给用户预留了 12 个用户自定义键,如图 5.11 所示。在本项目中,MCP 面板中 12 个用户自定义键的定义如图 5.12 和表 5.15 所示,例如,K4 按键定义为“刀库正转”按键,此按键仅在 JOG 模式下有效,按下此按键可使刀库顺时针转动。当按键上方的 LED 灯亮,刀库顺时针转动;LED 灯灭,则刀库停止顺时针转动。

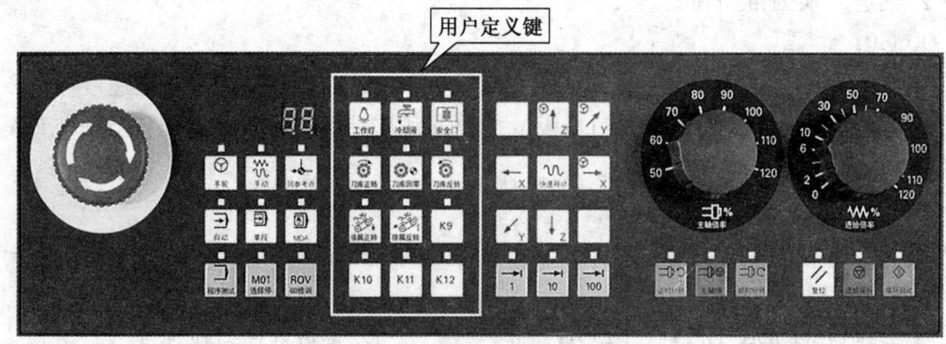

图 5.11　机床操作面板(MCP)说明

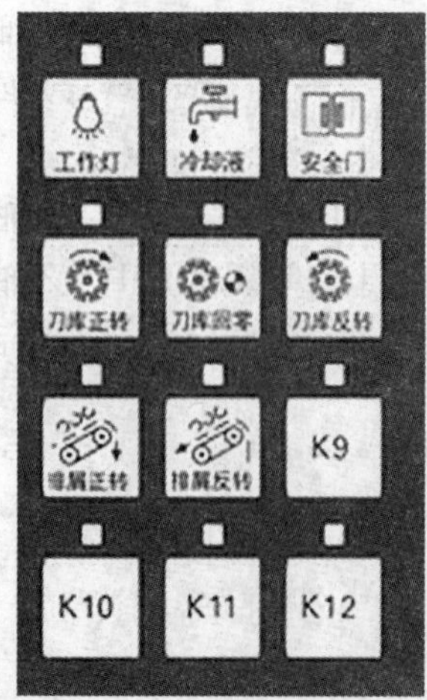

图 5.12　MCP 面板自定义说明

表 5.15　用户自定义键列表

用户自定义键（都带 LED 状态指示灯）					
K1	工作灯	K2	冷却液	K3	安全门
K4	手动刀库正转	K5	手动刀库回零	K6	手动刀库反转
K7	排屑器前进	K8	排屑器后退	K9	刀库去原始位
K10	刀库去换刀位	K11	松刀使能	K12	松刀

MCP 面板与 PLC 的接口信号地址如表 5.16 所列。

表 5.16　MCP←→PLC 接口地址表

MCP KEY	位 7	位 6	位 5	位 4	位 3	位 2	位 1	位 0	MCP LED
DB1000. DBB0	M01	程序测试	MDA	单步执行	自动	参考点	Jog 键	手轮	DB1100. DBB0
DB1000. DBB1	排屑器前进	刀库反转	刀库回零	刀库正转	安全门	冷却液	工作灯	ROV	DB1100. DBB1
DB1000. DBB2	增量×100	增量×10	增量×1	松刀	松刀使能	刀库去换刀位	刀库去原始位	排屑器后退	DB1100. DBB2
DB1000. DBB3	Z 轴正向		循环启动	进给保持	复位	主轴反转	主轴停止	主轴正转	DB1100. DBB3
DB1000. DBB8	KEY：进给轴倍率开关 LED：当前刀号拾位								DB1100. DBB8
DB1000. DBB9	KEY：主轴倍率开关 LED：当前刀号个位								DB1100. DBB9

② 用户自定义报警说明

本盘式刀库 PLC 控制程序所涉及的用户自定义报警说明如表 5.17 所列。

表 5.17　用户自定义报警说明

700031	DB1600. DBX3. 7	刀库不在主轴位及原始位
700032	DB1600. DBX4. 0	刀库在主轴位及原始位
700033	DB1600. DBX4. 1	刀库或主轴未就绪时，启动刀库运转
700034	DB1600. DBX4. 2	程序段搜索后，主轴刀号<>编程刀号
700035	DB1600. DBX4. 3	在监控时间内，主轴无法到达刀具释放位置
700036	DB1600. DBX4. 4	在监控时间内，主轴无法到达刀具锁紧位置

③ PLC 控制程序示例及说明

网络 1：刀库回零位。I1. 2 刀库计数信号低电平有效，

按下 MCP 面板上的用户自定义键 K5（手动刀库回零按键，见表 5. 8），且刀库无正反转命令，则刀库执行回零。

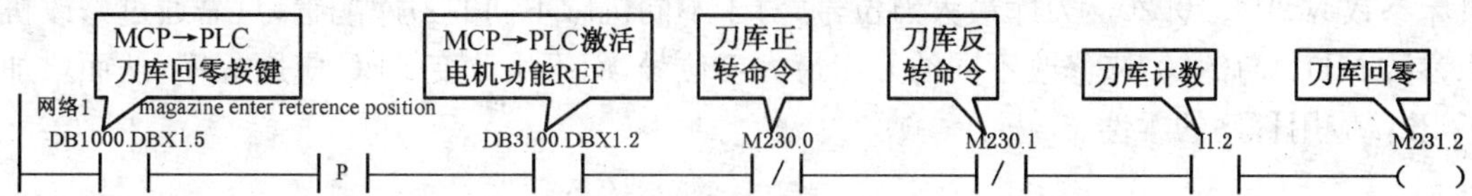

网络 2:检查刀库是否需要正转,即刀库正转条件判断,若条件满足,刀库正转命令(标志位)置位。

网络 3:检查刀库是否需要反转,即刀库反转条件判断,若条件满足,刀库反转命令(标志位)置位。

PLC 接口信号 DB4900. DBB24 即系统变量 $ A_DBB[24],换刀循环程序通过给系统变量 $ A_DBW[24]赋值来给出换刀命令,即 $ A_DBB[24]=1,正转;$ A_DBB[24]=2,反转;$ A_DBB[24]==0,停止;PLC 应用程序通过接口信号 DB4900. DBB24 得到换刀循环给出的换刀命令,实现相应的动作,从而实现 NC 程序和 PLC 之间的数据交换。

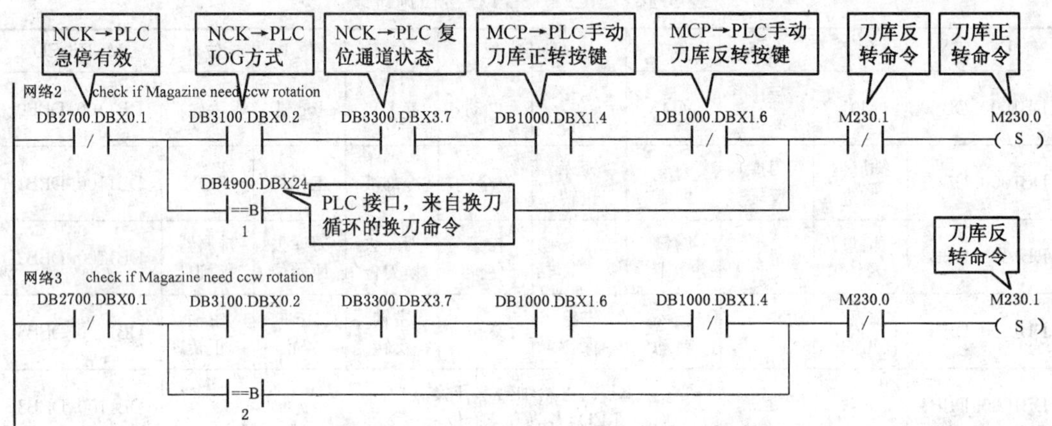

网络 4:上电,读入刀库当前刀号;DB1400 数据区为断电保持数据区,C20 为刀库当前刀号计数器。

网络 5:刀库计数。

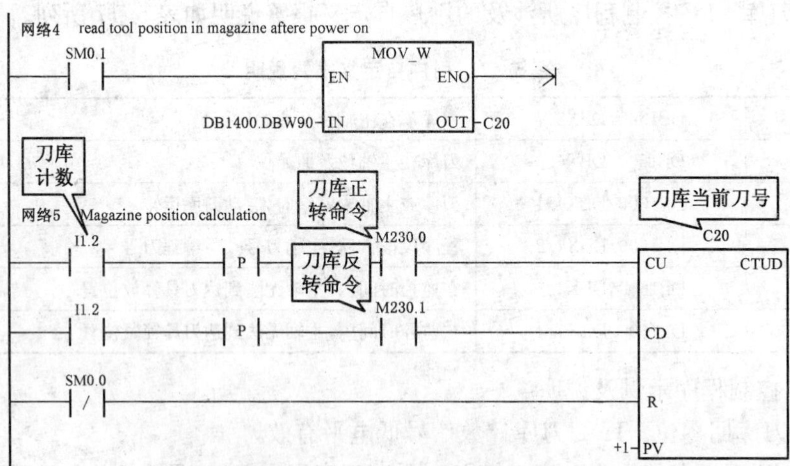

网络 6:计算刀库当前刀号的边界条件。DB4500. DBW40 为 NCK→PLC 接口参数,即机床参数 MD14510[20]:刀库最大刀位号,对于不同机床不同的刀库配置,只需通过修改机床参数 MD14510[20]来修改不同的刀库最大刀位号,而不用改变 PLC 应用程序,从而增加了 PLC 应用程序的柔性。

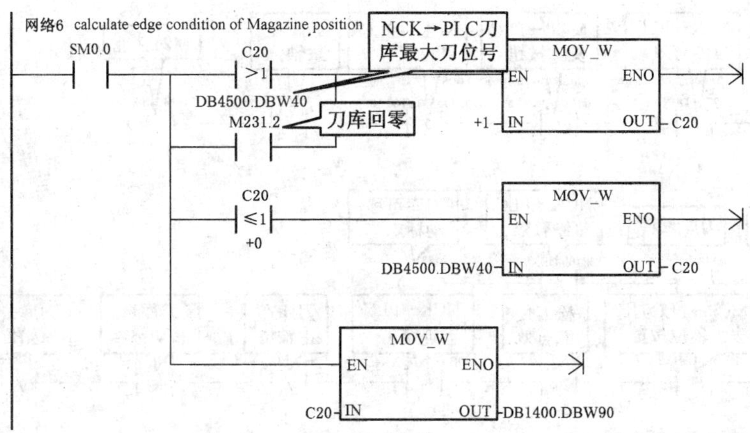

网络7:把刀库当前刀号传送给换刀循环子程序。PLC应用程序中的计数值C20为当前刀号值,PLC接口信号DB4900.DBW20即系统变量$A_DBW[20],换刀循环子程序通过系统变量$A_DBW[20]接收到PLC应用程序中的当前刀号值。

网络7　tell curret tool postion in magazine to "tool-change" spf

SM0.0 —| |— MOV_W (EN, ENO); C20 → IN; OUT → DB4900.DBW20

网络8:当前刀号等于目标刀号,复位刀库正、反转命令。PLC接口信号DB4900.DBB22即系统变量$A_DBW[22],存放着编程的目标刀号。

网络9:当手动方式下释放刀库正转和反转按键时,复位刀库正、反转命令。

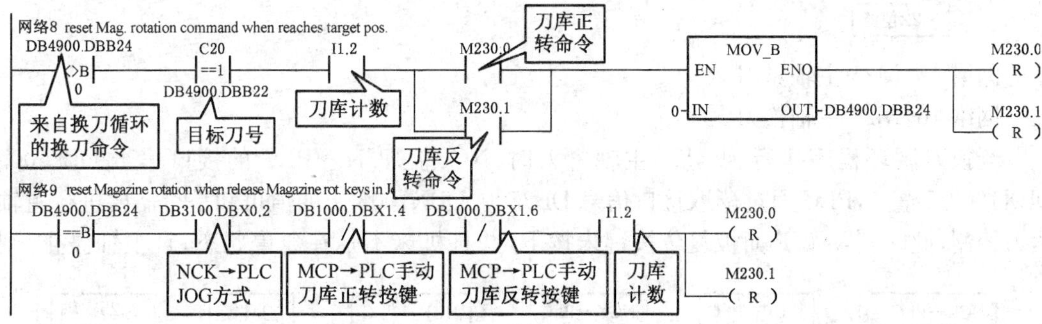

网络10~12:换刀循环程序中执行到M21(刀库去主轴位)时,或者JOG方式中按下MCP面板的刀库去主轴位按键时,将刀库移动到主轴位。(M22:刀库去原始位)

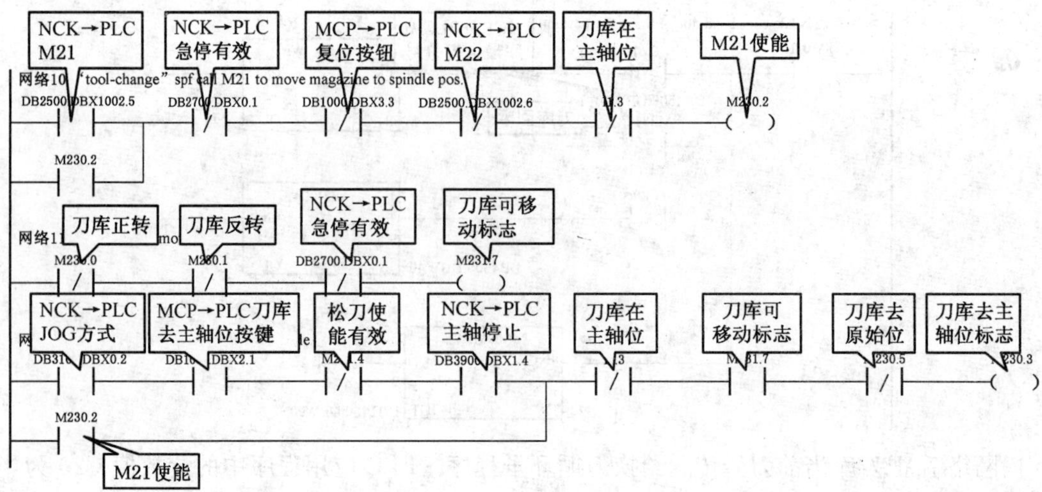

网络 13～14:换刀循环程序中执行到 M22 时,或者 JOG 方式中按下 MCP 面板的刀库去原始位按键时,将刀库移动到原始位。(M22:刀库去原始位,M21:刀库去主轴位)

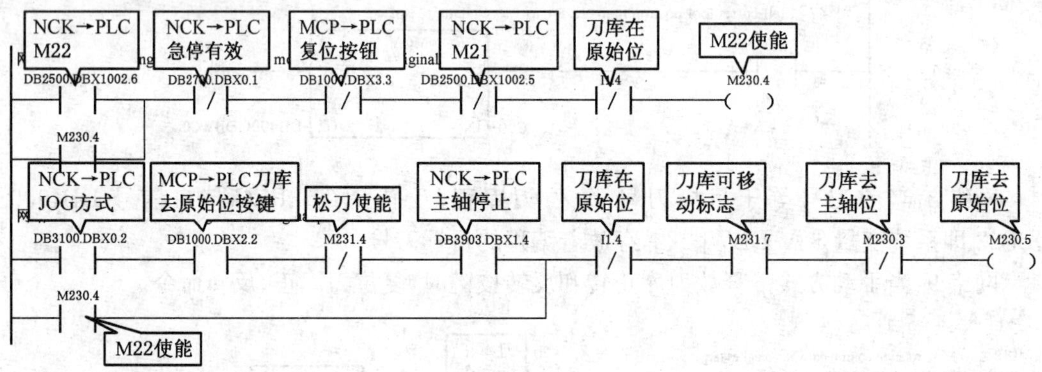

网络 15:M25 主轴紧刀。

网络 16:M26 主轴松刀。

当换刀循环程序执行到 M25 主轴紧刀时,NC 将 NCK→PLC 的接口信号 DB2500. DBX1003. 1 置 1,PLC 通过读取接口信号 DB2500. DBX1003. 1 的值可知是否需要进行主轴紧刀控制,此时,若 MCP 面板复位按键未按下,并且机床不是在急停状态,且主轴停止,则

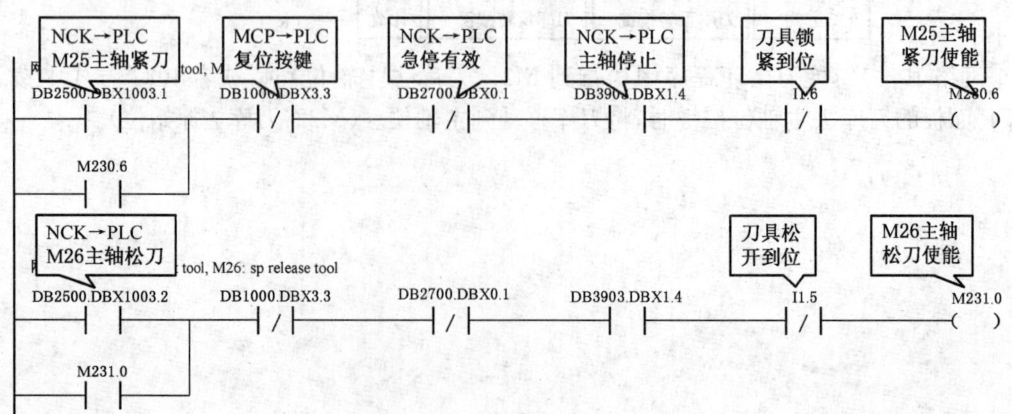

主轴紧刀使能,表示可以进行主轴紧刀动作,相应的标志位 M230.6 置 1。如果刀具锁紧到位,则 I1.6 刀具锁紧到位开关被压下,紧刀控制结束,主轴松刀控制过程同理。

网络 17:20s 内主轴没有到达松刀位置,激活报警 700035 号报警。700035 在监控时间内,主轴无法到达松刀位置。

网络 18:20s 内主轴没有到达紧刀位置,激活报警 700036 号报警。700036 在监控时间内,主轴无法到达紧刀位置。

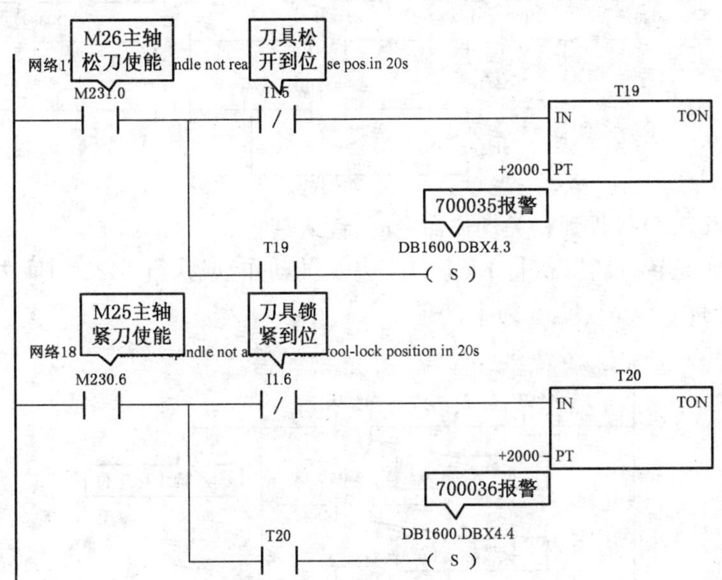

网络 19～20:按一次“松刀使能按键”,松刀使能有效,再按一次按键,松刀使能取消。松刀使能按键有效标志位 M231.4 的波形图如下图所示。

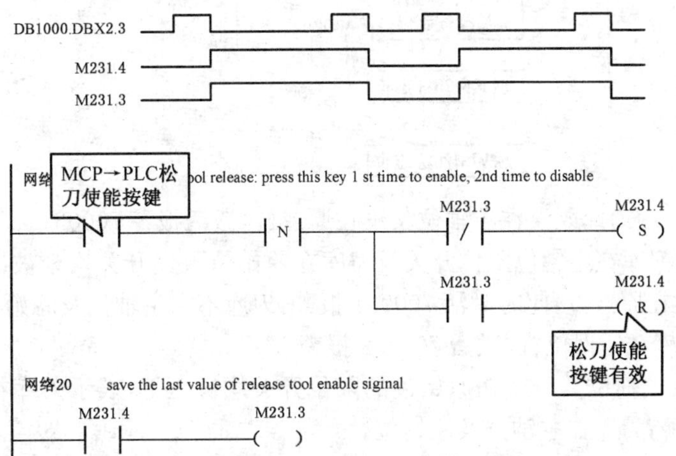

网络 21:M26 松刀,直到得到锁紧命令或者手动按下松刀按键,M26 松刀结束。

网络 22:主轴松刀。若条件满足,在换刀循环执行 M26 时,或者 JOG 方式中按下手动松刀按键时,PLC 执行松刀命令。

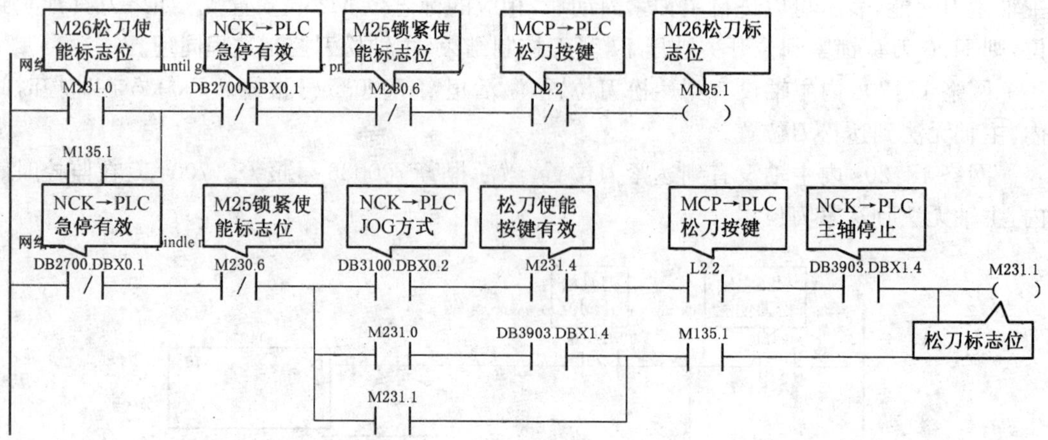

网络 23:当 PLC 接收到相关动作命令时,读入禁止。

当刀库处于正转、反转、执行 M21 刀库去主轴动作,或执行 M22 刀库去原始位等动作时,置读入禁止标志位 M141.5 为 1。

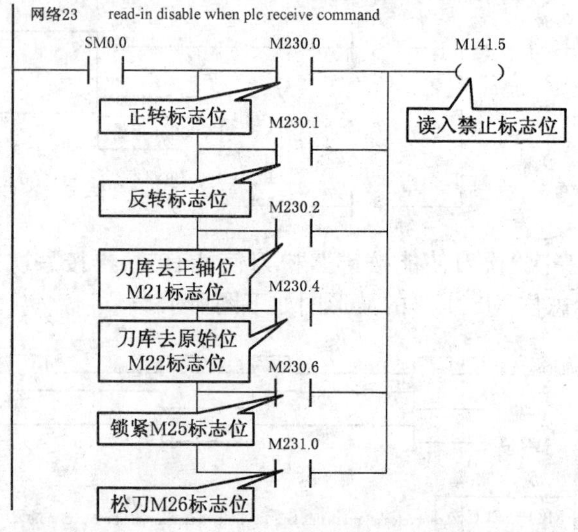

网络 24:30s 内刀库既没在主轴位又没在原点位,激活报警 700031。

如果 30s 内刀库在主轴位限位开关及刀库在原始位限位开关均未被压下,表示刀库即没在主轴位又没在原点位,此时激活 700031 报警:刀库不在主轴位及原始位。

网络 25:刀库在错误位置,激活 700032 报警。

如果刀库在主轴位及刀库在原始位的限位开关均被压下,表示刀库在错误位置,此时激活 700032 报警:刀库在主轴位及原始位。

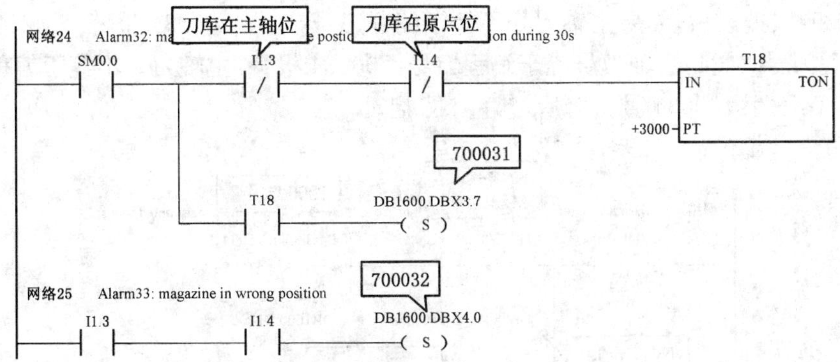

网络 26:当刀库在正确位置时清楚报警。

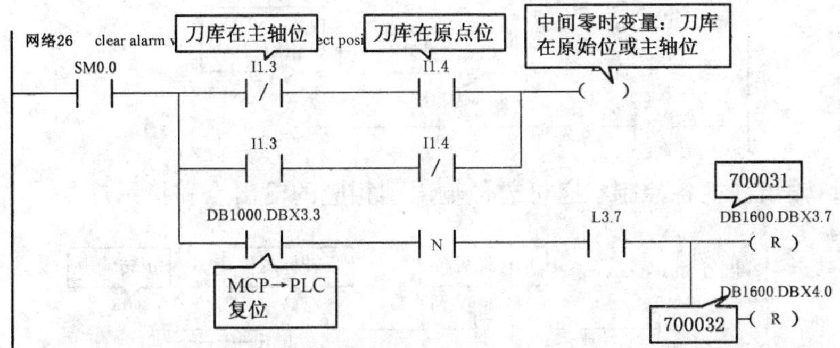

网络 27:当刀库或主轴未准备就绪时,若按下刀库移动按键,则触发 700033 报警。700033 报警:刀库或主轴未就绪,启动刀库旋转。

网络 28:按下 MCP 面板上的复位按钮,复位 700033、700035、700036 号报警。

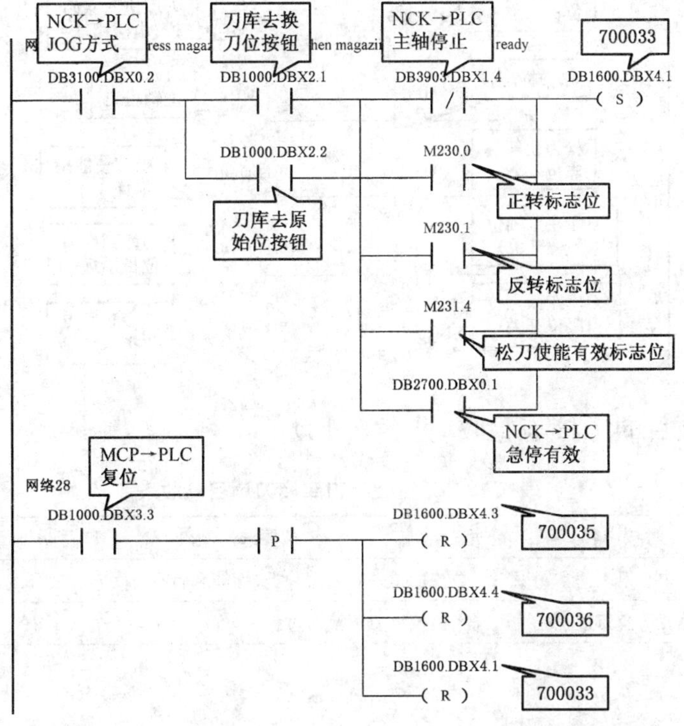

网络 29:段搜索后,如果主轴刀号不等于编程刀号,触发 700034 报警。M23:主轴刀号不等于编程刀号;M24:主轴刀号等于编程刀号;700034 报警:主轴刀号不等于编程刀号。

网络 30:发生 700034 号报警后,禁止 NC 启动。

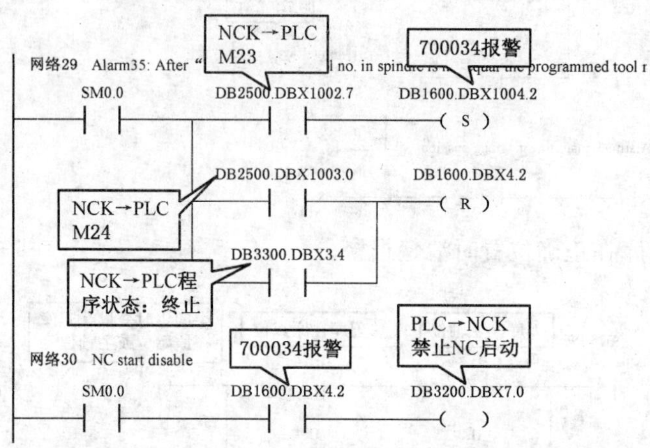

网络 31:输出。把各控制状态标志位输出到相应的输出点和指示灯。

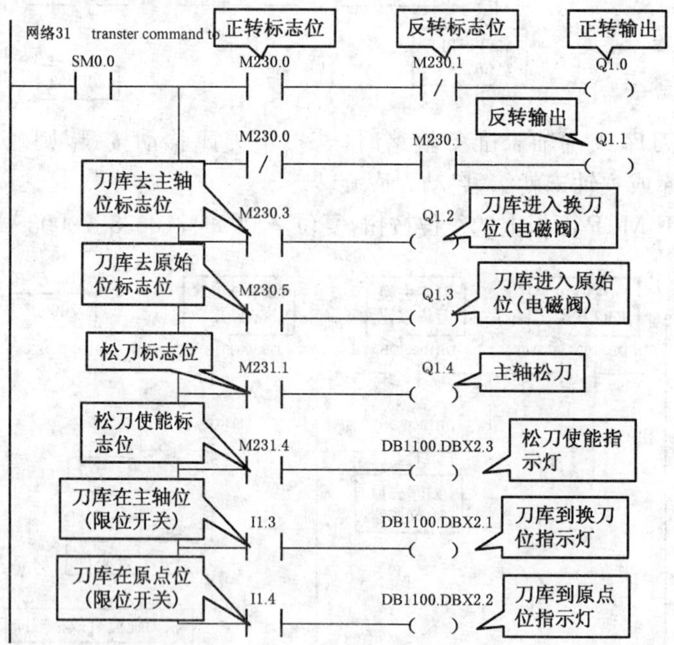

5.2.5 项目的考核与验收(见表 5.18)

表 5.18 无机械手刀库换刀项目验收表

序 号	考核内容	考核要求	所占比重	备 注
1	数控加工中心刀库基本知识	数控加工中心刀库种类、性能和特点;	5	
2	无机械手刀库换刀过程	无机械手刀库换刀过程	10	

续表 5.18

序　号	考核内容	考核要求	所占比重	备　注
3	无机械手刀库电气控制电路	刀库电气控制电路设计； 刀库电气控制电路的故障诊断和排除；	5	
4	无机械手刀库换刀流程	无机械手刀库换刀流程图的设计；	10	
5	无机械手刀库换刀固定循环	相关机床参数的设置 系统变量的作用和意义 无机械手刀库换刀固定循环的阅读和分析 无机械手刀库换刀固定循环的设计	25	
6	无机械手刀库 PLC 控制程序	接口信号的作用； 接口信号的使用； 换刀 PLC 控制程序段的阅读和分析； 体会各中间标志位的作用； 换刀 PLC 控制程序故障的诊断和排除； 体会 PLC 用户报警的作用；	30	
7	数控车床换刀 PLC 控制程序的设计	换刀 PLC 控制程序段的修改和设计； PLC 用户报警的制作；	15	

5.3　机床导轨润滑控制

5.3.1　项目教学目的

(1) 了解机床导轨润滑控制的基本要求；
(2) 能够根据机床导轨润滑控制要求设计电气控制线路；
(3) 熟悉机床润滑控制过程中的主要信号及其作用；
(4) 了解机床润滑的控制时序；
(5) 掌握机床润滑 PLC 控制程序的设计方法；
(6) 掌握机床润滑数 PLC 控制程序的调试步骤。

5.3.2　项目背景知识

机床导轨是机床上用来支承和引导部件移动的轨道，机床导轨润滑的良好与否，直接影响机床的加工精度。机床导轨的良好润滑是传动系统具有稳定静摩擦因数的保证，避免低速重载下发生爬行现象；机床导轨的良好润滑可以减少导轨磨损，防止导轨腐蚀；可以降低高速时摩擦热，减少热变形。数控机床的导轨润滑大都采用了独立的自动泵油润滑系统，有的机床采用按时间控制的统一润滑模式，以设定的时间间隔同时对所有坐标轴进行统一润滑。有些机床采用按坐标轴移动距离的润滑模式，当某个轴达到所设定的润滑距离后，对该轴进行润滑。本项目对按时间控制的统一润滑模式的数控机床导轨润滑控制进行详细介绍。

5.3.3　项目要求

(1) 在本项目中,数控机床的导轨润滑采用独立的润滑油泵供油润滑,采用按时间控制的统一润滑模式,以设定的时间间隔同时对所有坐标轴进行统一润滑;

(2) 每次机床上电时自动启动一次润滑;

(3) 正常情况下润滑是按规定的时间间隔周期性自动启动,每次按给定的时长润滑;

(4) 用户可以通过 PMC 参数对润滑时间间隔以及润滑时间等参数进行调整;

(5) 加工过程中,操作者可以根据实际需要进行手动润滑控制(通过机床操作面板的润滑手动开关控制);

(6) 当润滑泵电动机出现过载或者润滑油箱油面低于极限时,润滑停止,并且系统要有相应的报警信息(此时机床可以运行)。

5.3.4　项目实施步骤

(1) 根据项目控制要求,设计数控机床的导轨润滑控制的电气控制线路。

润滑泵电机的转动通过 PLC 的数字输出进行控制,PLC 的数字输出控制直流继电器,继电器再驱动交流接触器,实现润滑泵启动和停止控制。

(2) 确定 PLC 控制程序的输入和输出信号,分配 I/O 地址,列出 I/O 列表。

根据第一步设计的润滑电气控制线路,在本例中所使用的 I/O 地址如表 5.19 所列。

表 5.19　机床导轨润滑 PLC 控制的 I/O 地址分配表

I/O	I2.6	I2.7	Q0.5
信号说明	润滑液位检测开关	润滑电机过载检测开关	润滑泵输出

(3) 根据项目控制要求,分析导轨润滑控制逻辑,画出其控制流程图,如图 5.13 所示。

(4) 了解所涉及的接口信号(见表 5.20)

① 在本例程序中,将 MCP 面板上的自定义键 K3 定义为手动润滑键,将 LED3 定义为润滑指示灯。

表 5.20　手动润滑相关的接口信号表

接口信号	信号说明	信号方向
DB1000. DBB1. 3	手动润滑键 K3	MCP→PLC
DB1100. DBB1. 3	润滑指示灯 LED3	PLC→MCP

② PMC 参数说明(见图 5.13、表 5.21)

机床在批量生产中,由于一些可变的因素,润滑间隔时间、润滑持续时间在不同的机床上会有不同,为了增加 PLC 控制程序的柔性,采用参数化设计,就是说将每台机床上可能不同的值用 PLC 参数来表示。在生产过程中只需将每台机床的实际值输入相对应的参数中,而不需要修改 PLC 控制程序。

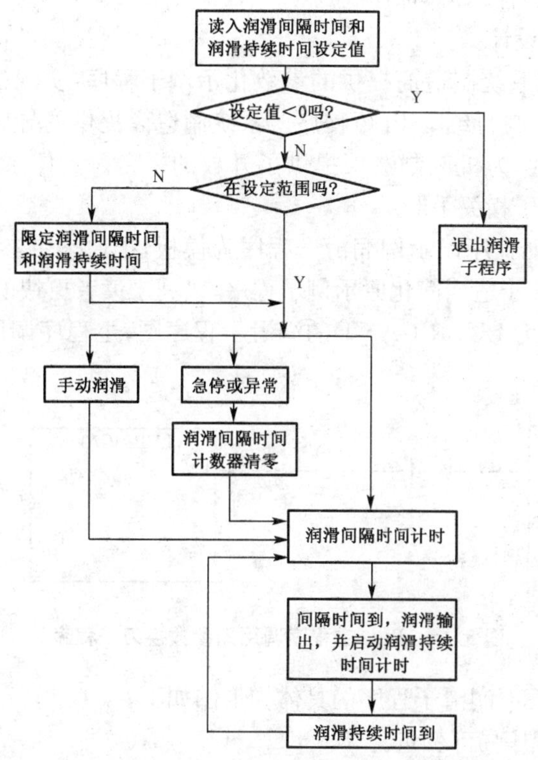

图 5.13　润滑控制流程图

表 5.21　润滑相关的接口信号表

参数号	PLC 地址	单位	参数值范围	参数描述
MD14510[24]	DB4500. DBW48	1 min	5～300	润滑间隔时间
MD14510[25]	DB4500. DBW50	0. 01 s	100～2 000	润滑持续时间

③ 在急停生效等情况下，润滑功能被禁止(见表 5. 22)。

表 5.22　急停生效接口信号表

接口信号	信号说明	信号方向
DB2700. DBX0. 1	急停有效	NCK→PLC

④ 本例程序中制作了如下表 5. 23 所示的两个用户报警。

700020—润滑电机过载；700021—润滑液液位低。

表 5.23　机床导轨润滑控制用户报警接口信号表

接口信号	信号说明	信号方向
DB1600. DBX2. 4	有效的报警号 700020	PLC→NCK
DB1600. DBX2. 5	有效的报警号 700021	PLC→NCK

⑤ 其余接口信号见程序具体标注。

(5) PLC 控制程序设计

设计人员可以调用系统制造商提供的参数化示例子程序,实现机床导轨的润滑控制,也可以根据自己的要求,自行编写 PLC 程序。系统制造商提供的导轨润滑子程序,采用参数编程,具有很好的柔性,为机床制造厂提供了开放的平台。具体系统制造商示例子程序的说明和调用参见西门子相关手册。

本项目中,下面所列程序以示例润滑子程序为模板,把原来带参数的子程序简写为不带参数的子程序,目的在于适当简化原示例子程序,以利于读者更快的理解和掌握。

新建一个子程序名为 LUBRICANT 的润滑子程序图,主程序调用 LUBRICANT 润滑子程序如图 5.14 所示。

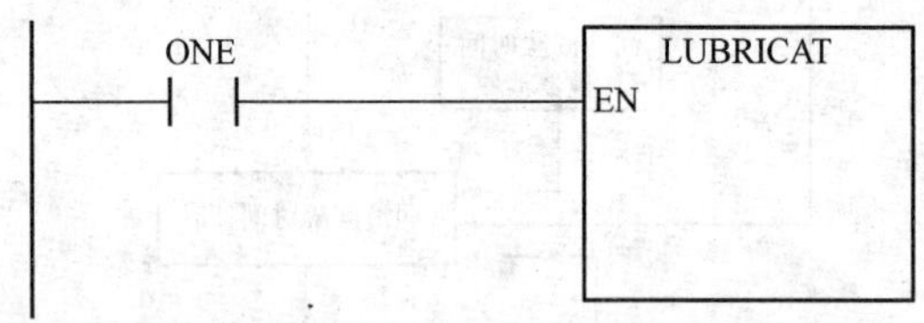

图 5.14 PLC 主程序调用无参数换刀子程序

本项目 LUBRICANT 润滑子程序的具体梯形图如下:

网络 1:初始化子程序局部变量。

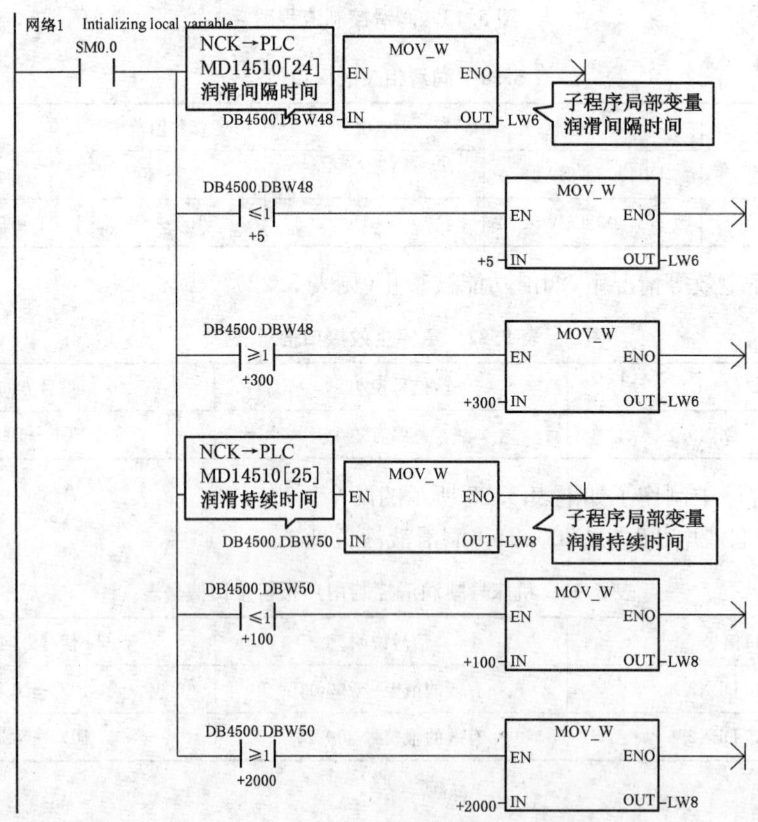

润滑间隔时间、润滑持续时间分别由机床参数 MD14510[24]和 MD14510[25]设定输入,PLC 控制程序通过读取接口信号 DB4500. DBW48、DB4500. DBW50 的值获得相应的机床参数设定值。在网络 1 中如果机床参数 MD14510[24]和 MD14510[25]设定输入超出设定范围,则将润滑间隔时间限定在 5～300 min 之内,润滑持续时间限定在 1～20 s 之内。

网络 2:如果没有设定润滑间隔时间和润滑持续时间,则复位输出信号并退出润滑子程序。

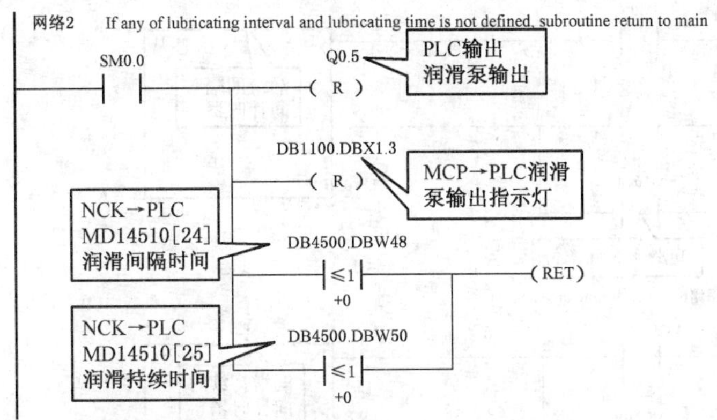

网络 3:按下 MCP 面板上的手动润滑按键,或者 PLC 第一次上电,润滑命令生效。

网络 4:如果一次润滑持续时间结束,或者出现异常,则终止润滑。

如果一次润滑持续时间结束,则复位润滑命令,复位润滑间隔时间计数器 C24,准备开始新一次润滑循环。同理,如果出现急停、润滑电机过载或润滑液液位低时,终止润滑。

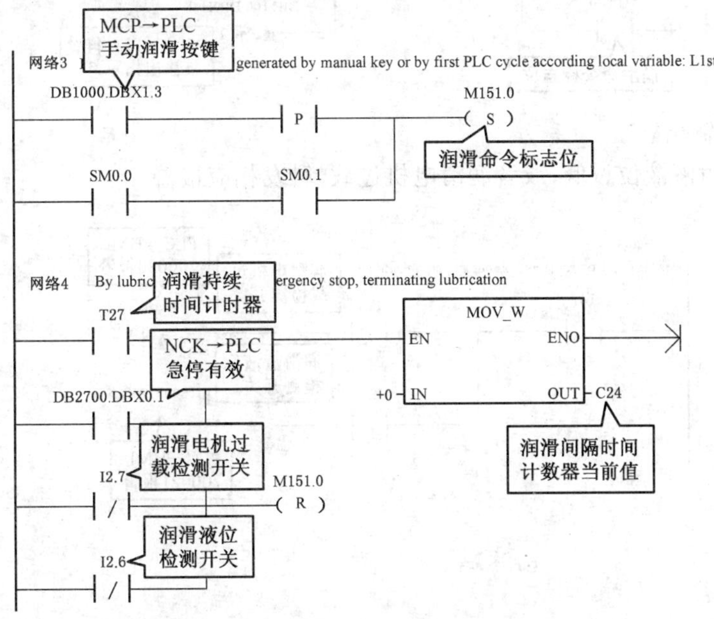

网络 5:润滑间隔时间计数器 C24 对 1 min 的时钟脉冲进行计数。

若润滑命令生效,或者上一次润滑持续时间到,则开始新的一次润滑循环,即润滑间隔时间计数器复位。其中,SM0. 4 提供了一个 1 分钟的时钟脉冲,其中 30 s 为 1,30 s 为 0,周期为一分钟。

网络 6:润滑持续时间控制。

若润滑命令生效,或者上一次润滑间隔时间到,则开始润滑持续时间计时。T27 为润滑持续时间计时器。

网络 7:润滑控制信号输出。

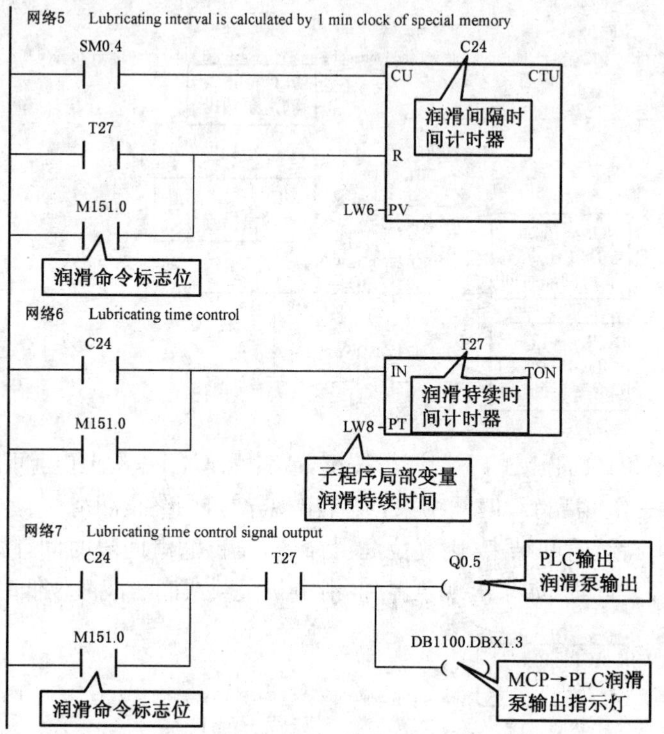

网络 8:报警输出。

若检测到润滑液液位过低,或者润滑电机过载,触发相应报警

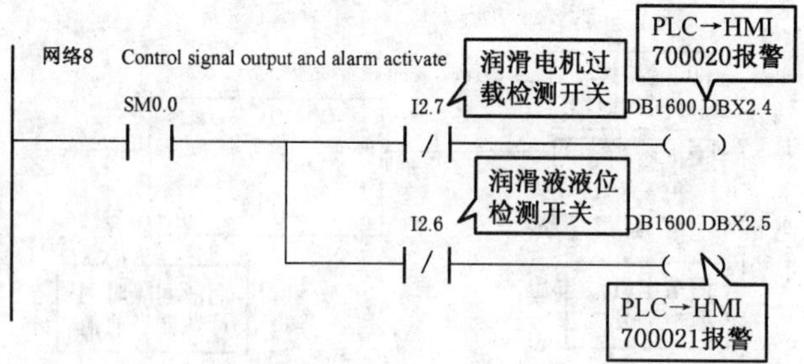

5.3.5　项目的考核与验收(见表 5.24)

表 5.24　机床导轨润滑控制项目验收表

序号	考核内容	考核要求	所占比重(%)
1	数控机床导轨润滑基本知识	数控机床导轨润滑基本知识；	5
2	数控机床导轨润滑电气控制电路	电气控制电路设计； 电气控制电路硬件故障的诊断和排除	10
3	数控机床导轨润滑流程	导轨润滑流程图的分析； 导轨润滑流程图的设计	15
4	数控机床导轨润滑接口信号	接口信号的作用； 接口信号的使用； 查询 I/O 存储单元中的信号； 访问和修改相关的 PLC 接口信号	15
5	数控机床导轨润滑 PLC 控制程序的分析	PLC 控制程序段的阅读和分析； 体会根据流程图组织程序 PLC 控制； 体会中间变量的作用； PLC 控制程序故障的诊断和排除； 体会 PLC 用户报警的作用	35
6	数控机床导轨润滑 PLC 控制程序的设计	PLC 控制程序段的修改和设计； PLC 用户报警的制作	15

单元 6　特殊功能编程与调试

6.1　数控机床自动排屑装置控制

6.1.1　项目教学目的

(1) 熟悉数控机床排屑装置的工作原理和组成；

(2) 掌握数控机床排屑装置的硬件控制电路；

(3) 掌握数控机床排屑装置控制过程中的主要信号及其作用；

(4) 掌握数控机床排屑装置的控制时序；

(5) 掌握数控机床排屑装置 PLC 控制程序的设计方法；

(6) 掌握数控机床排屑装置 PLC 控制程序的调试步骤。

6.1.2　项目背景知识

排屑器主要用于收集和输送各种卷状、团状、块状切屑，以及铜屑、铝屑、不锈钢屑、碳块、尼龙等材料，排屑器广泛应用于各类数控机床、加工中心、组合机床和柔性生产线，也可作为冲压、冷墩机床小型零件的输送装置，应用到卫生，食品生产输送上起到改善操作环境、减轻劳动强度，提高整机自动化程度的作用(见图 6.1、图 6.2)。

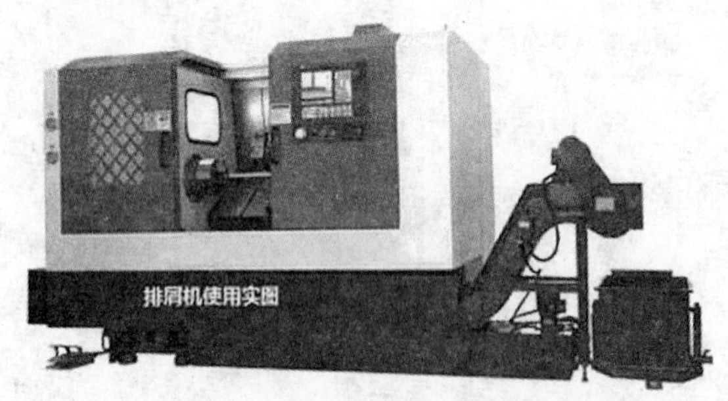

图 6.1　数控机床及排屑器

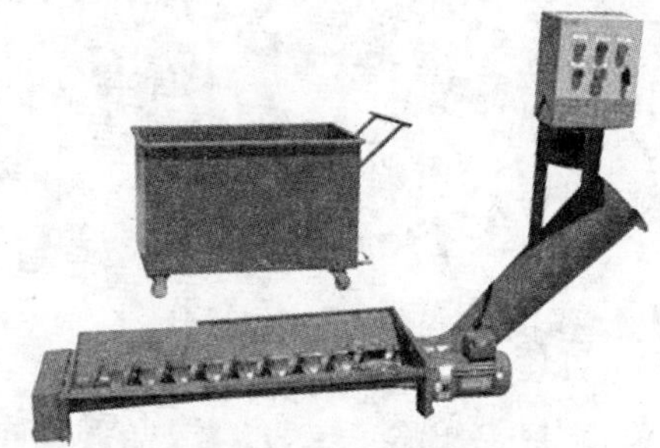

图 6.2　螺旋式排屑器

(1) 螺旋排屑器主要用于机械加工过程中金属，非金属材料所切削下来的颗粒状，粉状及卷状切屑的输送.可用于数控车床，加工中心或其他机床安放空间狭窄的地方，与其他排屑装置联合使用，可组成不同结构型式的排屑系统。

(2) 磁性排屑器可以利用永磁材料所产生的强磁场的磁力，将切屑吸附在排屑机的工作磁板上,或将油、乳化液中的颗粒状、粉状及长度≤150 mm 的铁屑吸附分离出来,输送到指定的排屑地点或集屑箱中。它可处理粉状、颗粒状及长度小于 100 mm 的铁屑及非卷屑,或将油、乳化液中的碎屑分离,输送至指定的排屑箱中。

(3) 链板式排屑器主要用于收集和输送各种卷状,团状,条状切屑。广泛应用于各类数控机床加工中心和柔性生产线等自动化程度高的机床,也可作为冲压、冷墩机床小型零件的输送机,也是组合机床冷却液处理系统的主要排屑功能部件。该设备起到改善操作环境,减轻劳动强度,提高整机自动化程度的作用。

(4) 刮板式排屑器采用链条拖动刮屑板将切屑沿排屑机底部刮出,以收集和输送颗粒状的金属铁屑、细铁屑、铸件铁屑和非金属切屑,输送流量较大。

6.1.3　项目要求

自动排屑器是数控机床的辅助装置,可以实现自动排屑,从而提升数控机床的自动化程度。该任务要求对排屑器自动控制的相关电路进行设计,控制要求如下:

(1) 手动方式

① 按下排屑器启动按钮,启动排屑器正转,运行指示灯亮;

② 按下排屑器停止按钮,可使排屑器停止,运行指示灯熄灭;

③ 按下排屑器反转按钮,启动排屑器反转,反转指示灯闪烁,松开按钮,排屑器停止。

(2) 自动方式

① 按下循环启动键,排屑器自动启动,运行指示灯亮;

② 加工停止后,排屑器继续工作 60s,然后自动停止。

(3) MDI 方式

可以通过 M24 指令启动排屑器,M25 指令停止排屑器。

排屑器电机额定功率 0.75 kW,电机过载时应自动切断主电路,并在数控系统上显示报警信息,以防止排屑器堵住时烧毁电机。

6.1.4　项目实施步骤

(1) 任务分析及方案设计

执行装置:排屑电机为额定功率 0.75 kW 的三相异步电机,通过接触器自动调换主电路的相序,实现正转、反转、停止控制。

按钮及指示灯:正转为连续工作状态,通过继电器常开触点与按钮并联实现自锁,绿色工作指示灯点亮;反转为短时点动工作状态,无自锁,黄色指示灯闪烁;停止时,红色指示灯点亮。

安全保护:电机过载时,通过热继电器或电流互感器,使电机的主电路断开,报警指示灯闪烁;自动加工结束后,通过 PLC 的内部定时器延时 60s,然后控制排屑器停止。

(2) 控制系统设计

① 接口信号(见表 6.1)

表 6.1　排屑器控制相关的接口信号

输入信号地址	功　能	输出信号地址	功　能
I5.0	正转启动/停止按钮	Q3.2	工作指示灯

续表 6.1

输入信号地址	功　能	输出信号地址	功　能
I5.1	反转点动按钮	Q3.3	反转指示灯
I5.2	电机过载信号	Q3.4	过载报警指示灯
		Q3.0	电机正转
		Q3.1	电机反转
和 CNC 之间的信号			
DB3100.DBX0000.0	自动方式	DB3100.DBX0000.2	手动方式
DB3100.DBX0000.1	MDA 方式	DB3903.DBX1.4	主轴停止信号
DB1000.DBX0003.3	复位	DB3200.DBX0007.1	NC 启动
DB1000.DBX0003.4	循环停止	DB1000.DBX0003.5	循环启动
DB1600.DBX0000.0	用户报警 700000	DB2500.DBX1003.0	排屑器正转指令 M24
DB2500.DBX1003.1	排屑器停止指令 M25	DB2500.DBX1003.6	加工结束指令 M30
DB2700.DBX0.1	急停		

② 控制系统电路设计

要求排屑电机能够实现正反转,且具有过载保护、短路保护功能,因此主电路包括空气开关、正转接触器、反转接触器、热继电器。主电路如图 6.3 所示。为了实现接触器主触点的自动接通和断开,设计了控制电路如图 6.4 所示,变压器将交流 380V 电压转换为交流 220V 输出,给接触器线圈供电,变压器的原边和副边分别有空气开关实现短路保护,为了避免接触器 KM_1 和 KM_2 同时接通造成相间短路,两个接触器的线圈串接了对方的常闭触点,实现互锁。KA_1 和 KA_2 分别为接触器 KM_1 和 KM_2 的控制继电器。

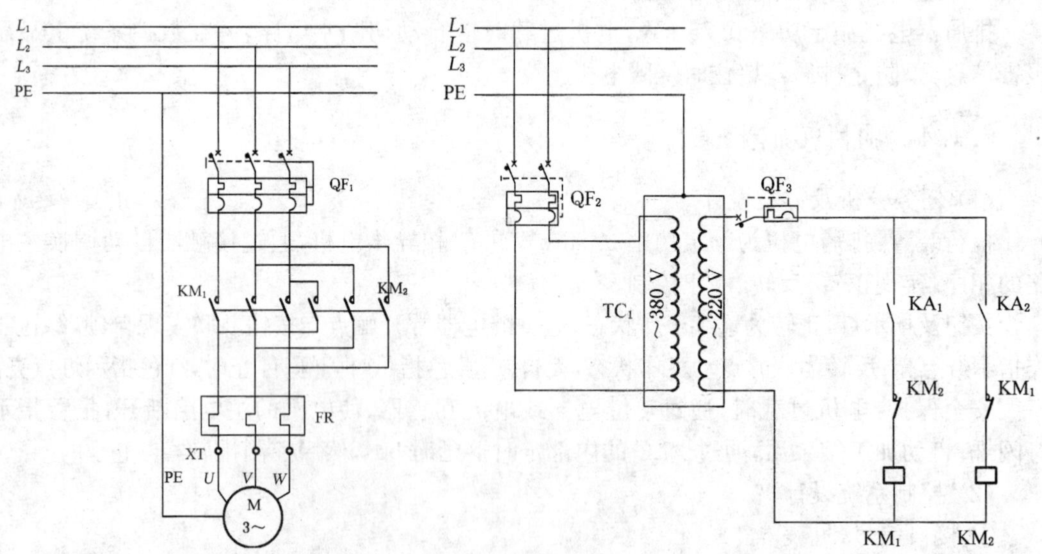

图 6.3　排屑电机的主电路　　**图 6.4　排屑电机的控制电路**

通过 808D 的分布式输入输出接口 X301,将排屑电机控制所需要的 4 个输入信号和 6 个输出信号送给数控系统内置的 PLC,输入输出信号均使用 24V 直流电源。根据表 6.1 所给出的 I/O 地址将各输入输出信号连接到 X301 相应的端子，如图 6.5 所示。

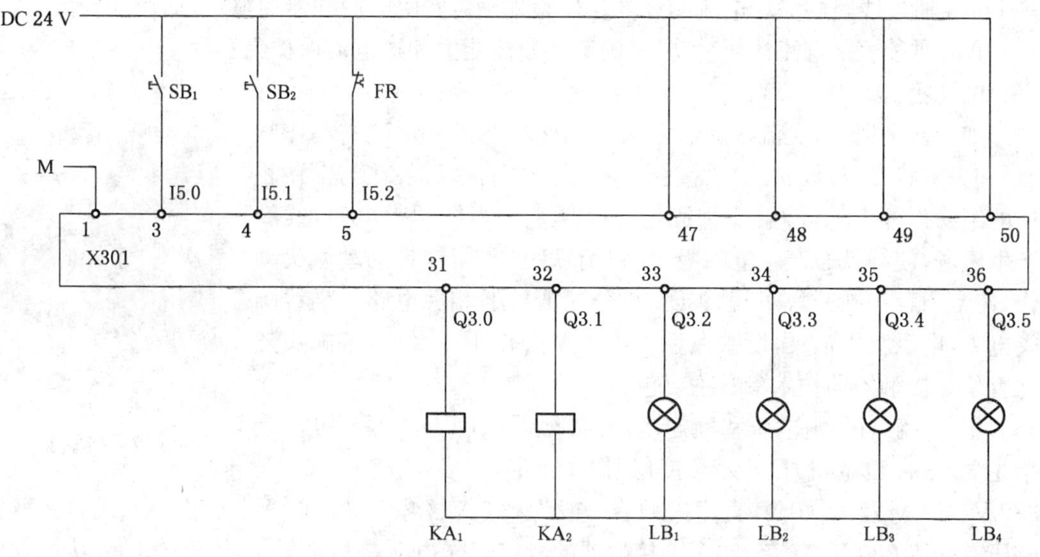

图 6.5　排屑电机控制的 I/O 电路

③ 元器件选型

a. 断路器

低压断路器又称自动空气开关或自动开关。它相当于刀开关、熔断器、热继电器、过电流继电器和欠电压继电器的组合，是一种既有手动开关作用又能自动进行欠压、失压、过载和短路保护的电器(见图 6.6)。断路器串接在主电路及控制支路中，用作设备的过载及短路保护。当某一电机或其他负载发生过载或短路故障时，所在支路的断路器自动断开，起到安全保护作用，同时，其他支路及总电路不受影响，方便维修人员快速查找故障原因。断路器兼有手动开关的作用，在设备调试及检修过程中，可以按照要求有序通电，保证设备安全。使用断路器要根据所在电路的电压等级、负载容量等合理选择断路器的技术参数，否则线路将无法正常工作。例如，脱扣电流选的太小，设备正常工作情况下，断路器频繁跳闸；脱扣电流选的太大，则在故障时，断路器不动作，无法起到安全保护作用。

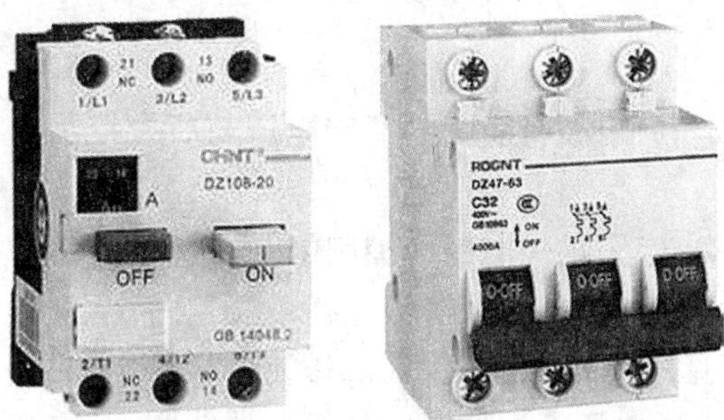

图 6.6　断路器

断路器的选用主要考虑以下几个方面：

Ⅰ. 断路器的额定电压和额定电流的选择；

Ⅱ. 根据线路的负荷计算电流来确定其热脱扣器的整定电流和额定电流;

Ⅲ. 通过线路的尖峰电流的计算与校验来确定其瞬时脱扣器的整定(动作)电流;

Ⅳ. 通过短路电流计算、校验来确定其断流能力和过电流保护灵敏度。

b. 接触器

如图 6.7 所示,交流接触器有两种工作状态:得电状态(动作状态)和失电状态(释放状态)。接触器主触头的动触头装在与衔铁相连的绝缘连杆上,其静触头则固定在壳体上。当线圈得电时,线圈产生磁场,使静铁心产生电磁吸力,将衔铁吸合,衔铁带动动触头动作,使常闭触头断开,常开触头闭合,分断或接通相关电路。当线圈失电时,电磁吸力消失,衔铁在反作用弹簧的作用下释放,各触头随之复位。接触器的技术参数主要包括:

图 6.7 接触器

Ⅰ. 主触点额定电压和额定电流,接触器铭牌上的额定电压是指主触头的额定电压。交流接触器的额定电压一般为 220 V、380 V、660 V 及 1 140 V,直流接触器一般为 220 V、440 V 及 660 V。辅助触头的常用额定电压有交流 380 V、直流 220 V。接触器的额定工作电流是指主触头的额定电流,接触器电流等级为:6 A、10 A、16 A、25 A、40 A、60 A 等。

Ⅱ. 线圈额定工作电压:交流 127 V、220 V、380 V,直流 24 V、110 V、220 V、440 V。

Ⅲ. 机械寿命和电寿命

Ⅳ. 操作频率:接触器每小时操作循环数对触头的烧损影响很大,接触器的技术参数中给出了适用的操作频率。当用电设备的实际操作频率高于给定数值时,接触器必需降容使用。

接触器的选用主要考虑以下几个方面:

Ⅰ. 接触器的类型选择:根据接触器所控制负载的轻重和负载电流的类型来选择接触器类型。

Ⅱ. 额定电压的选择:接触器的额定电压不小于负载回路的电压。

Ⅲ. 额定电流的选择:一般接触器的额定电流不小于被控回路的额定电流。对于电动机负载可按经验公式计算:

$$I_C = \frac{P_N \times 10^3}{KU_N} k = 1 \sim 1.4$$

Ⅳ. 吸引线圈的额定电压:吸引线圈的额定电压与所接控制电路的电压相一致。

Ⅴ. 触头数目和种类:应满足主电路和控制电路的要求。

c. 变压器

TC 是控制变压器(见图 6.8),为了保证设备的可靠工作,通过控制变压器提供～220 V 电压给后续负载如接触器线圈、开关电源等供电。选用变压器时除了考虑原边和副边的电压外,还要考虑变压器容量以满足负载要求。

排屑器控制系统的元器件选型如表 6.2 所示。

图 6.8 变压器

表 6.2　元器件清单

序　号	元器件名称	文字符号	型　号	规　格	数　量(个)
1	断路器	QF1	DZ47 - 60	3P,3A	1
2	断路器	QF2	DZ47 - 60	2P,1A	1
3	断路器	QF3	DZ47 - 60	1P,1A	1
4	控制变压器	TC	JBK5 - 200VA	380V/220V	1
5	接触器	KM1/KM2	3TB4022	220V 线圈	2
6	开关电源		S - 150 - 24V	输入 AC220V	1
7	继电器+底座	KA1/KA2	HH52P	DC24V	2
8	指示灯	LB1		DC24V 绿色	1
9	指示灯	LB2		DC24V 黄色	1
10	指示灯	LB3		DC24V 红色	1
11	按钮	SB1		DC24V 绿色	1
12	按钮	SB2		DC24V 红色	1
13	导线		BVR 0.75mm^2	黑色	
14	导线		BVR 0.75mm^2	红色	
15	导线		BVR 0.75mm^2	蓝色	
16	导线		BVR 2.5mm^2	黄绿色	
17	多芯电缆		AVVR　6 * 0.3mm^2		
18	冷压端子		UT0.75		100
19	冷压端子		E7506		20
20	冷压端子		E0306		20
21	冷压端子		OT2.5		4
22	螺栓和螺母		M3 * 20		10

④ PLC 程序设计

根据排屑器的控制要求编制 PLC 程序，不仅仅要能够实现所要求的功能，而且要简练可靠。为了达到这一目标，应采用模块化的程序设计方法，首先分析控制任务，划分控制功能，给出控制程序的流程图。根据流程图，在 Program Tool 环境下编制梯形图程序，为了便于程序的阅读和理解，程序应有相应的注释和符号表。

排屑电机控制的 PLC 程序，包括主程序和子程序两部分。在主程序中分配子程序用到的输入输出接口信号地址，实现对子程序的调用。排屑电机的具体控制要求在子程序中实现，子程序采用模块化设计，使用局部变量实现与主程序分配的输入输出变量之间的对接。

a. 主程序

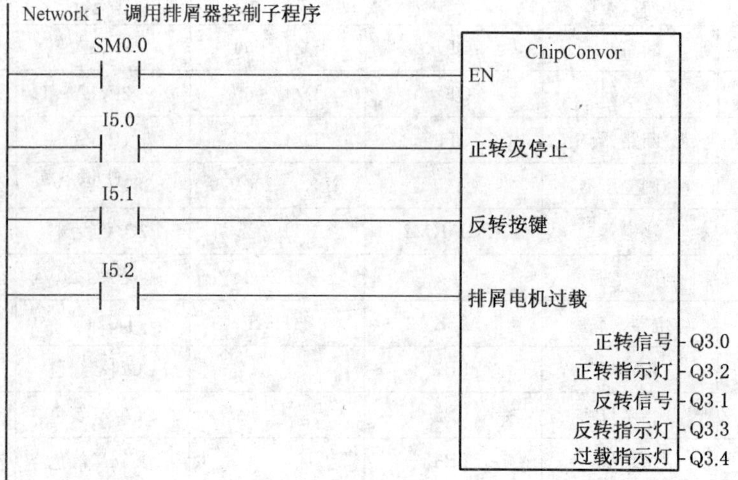

b. 子程序:

子程序的流程图如图 6.9 所示,局部变量表如表 6.3 所示。

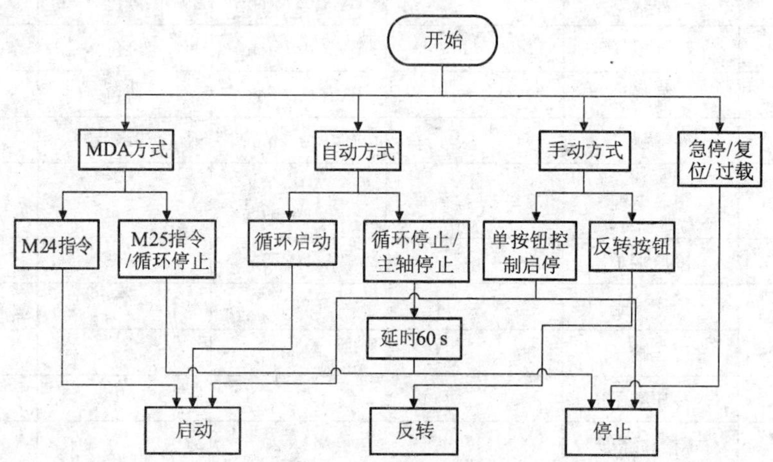

图 6.9 子程序的流程图

表 6.3 子程序的局部变量表

	Name	Var Type	Date Type
	EN	IN	BOOL
L0.0	正转及停止	IN	BOOL
L0.1	反转按键	IN	BOOL
L0.2	排屑电机过载	IN	BOOL

续表 6.3

	Name	Var Type	Date Type
L0.3	正转信号	OUT	BOOL
L0.4	正转指示灯	OUT	BOOL
L0.5	反转信号	OUT	BOOL
L0.6	反转指示灯	OUT	BOOL
L0.7	过载指示灯	OUT	BOOL

Network 1　MDA方式，M指令控制启动和停止

DB3100.DBX0.1　DB2500.DBX1003.0　M204.4 (S)

DB2500.DBX1003.1　M204.4 (R)

DB1000.DBX3.4

网络 1:DB3100. DBX0000. 1 为 NCK 送给 PLC 的 MDA 方式信号,该信号为 1 时,说明 MDA 工作方式有效。DB2500. DBX1003. 0 为 M24 指令的译码信号,DB2500. DBX1003. 1 为 M25 指令的译码信号,分别在 MDA 方式下控制排屑器的启动和停止。DB1000. DBX0003. 4 为面板上的循环停止按键送给 PLC 的信号。

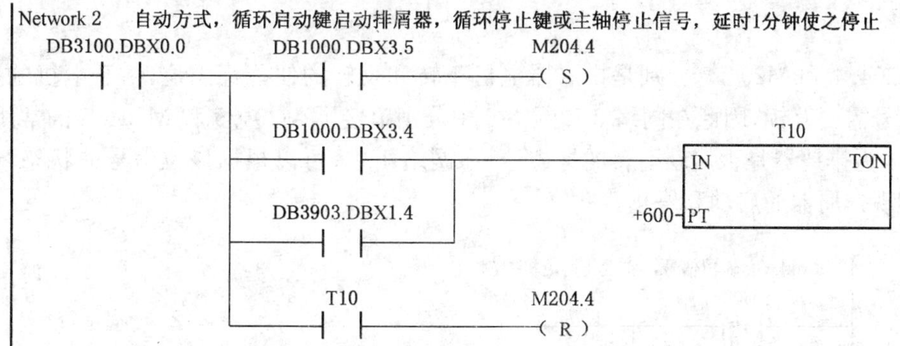

网络 2:循环启动键启动排屑器运行,循环停止键及其他原因使主轴停止信号有效时,启动定时器 T10,延时 1 分钟后使排屑器停止。其中与 CNC、MCP 之间的接口信号的功能见表 6.1。

Network 3　手动方式、单按钮控制启停

DB3100.DBX0.2　L0.0　N　M204.5 /

DB2700.DBX0.1 /　M204.3 /　M204.4 (S)

M204.3　M204.4 (R)

Network 4

M204.4　M204.3 ( )

Network 5　急停或复位时停止排屑器when emgency stop is active,

DB2700.DBX0.1　M204.4 (R)

DB1000.DBX3.3

L0.2

Network 6　排屑电机反转chip reverse control

DB3100.DBX0.2　L0.1　DB2700.DBX0.1 /　M204.4 /　M204.5 ( )

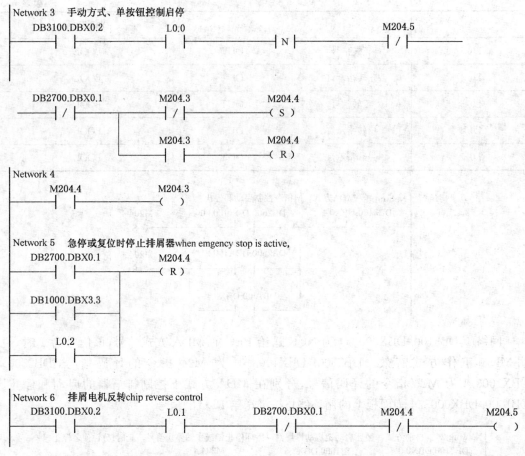

M204.4 和 M204.5 分别是排屑器电机正转和反转的使能标志位，由于电机的正转和反转信号需要互锁，因此在网络 3 和网络 6 中分别串接了 M204.5 和 M204.4 的常闭触点。M204.3 为排屑器是否启动运转的标志位，在网络 1 中，可以根据该位信号的状态，通过单按钮实现排屑器的启动和停止。

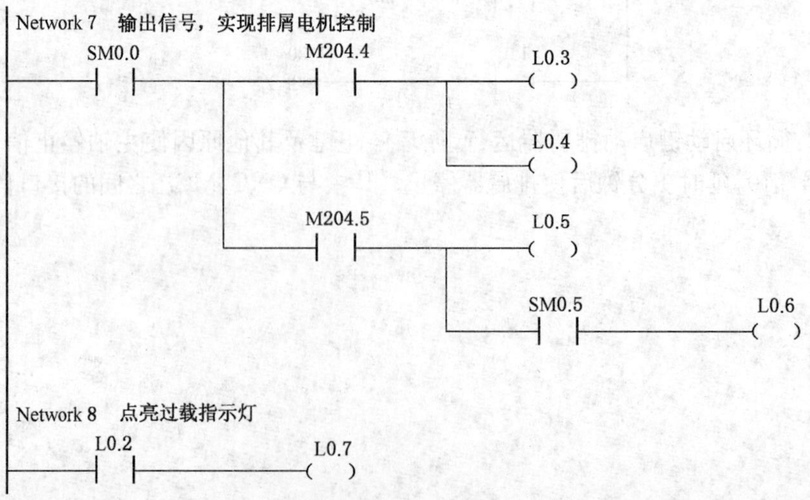

网络7　根据M204.4和M204.5的状态控制输出信号，从而实现排屑器的正转和反转，并点亮相应的指示灯，反转时由SM0.5实现指示灯的周期闪烁。网络8，当排屑器电机过载时，点亮过载指示灯。

⑤ 安装调试

a. 控制电路的安装

根据电气原理图正确选用元器件进行电气控制系统的安装和接线，元器件的选用、安装、连接应与图纸要求一致，导线线径、颜色应符合要求；布线整齐规范，导线端头的压接应牢固、可靠；导线与元器件连接处使用号码管，号码管的标号与图纸一致。安装接线完成后，使用万用表等工具对电气线路进行认真检查，确保安装接线正确无误。

b. PLC程序的下载和调试

将编写好的PLC程序进行编译并下载到PLC，利用Program Tool软件的监控功能，进行初步的逻辑调试，针对存在的问题对程序进行修改和优化。在此基础上，进行联机调试，检验排屑器控制系统是否能够完成所要求的控制任务。充分利用Program Tool软件的监控功能，观察系统的运行状况，对于调试过程中的问题应积极查阅资料，也可以通过讨论找出问题的根源及解决的方法。对调试过程中遇到的问题、现象以及解决的方法应详细认真记录。

c. 功能验证

分别在手动方式、MDA方式和自动方式下对排屑器的控制要求进行验证；检查急停或复位键按下时，排屑器是否能够立即停止；检查不同状态下，指示灯是否正常；过载时是否能够实现过载保护，并出现报警信息等。如果不能实现某个功能，应该检查电源、电路接线、元器件选用、PLC程序等是否正确，通过必要的分析、检查和测量确定原因并进行修改和排除，最终实现排屑器的控制要求。

6.1.5　项目考核与验收(见表6.4)

表6.4　自动排屑装置控制考核验收项目表

序号	考核内容	考核要求	所占比重	备　注
1	数控机床排屑装置基本知识	数控机床排屑装置的要求； 数控机床排屑装置的种类、性能和特点；	8	
2	数控机床排屑装置电气控制电路	数控机床排屑装置电气控制电路设计； 数控机床排屑装置电气控制电路硬件故障的诊断和排除；	12	
3	数控机床排屑装置接口信号	排屑装置接口信号的作用； 排屑装置接口信号的使用；	10	
4	数控机床排屑装置PLC控制程序的分析与设计	PLC程序的规范性和可靠性； 机床排屑装置PLC控制程序段的阅读和分析； 局部变量的使用； PLC用户报警的实现；	20	

续表 6.4

序号	考核内容	考核要求	所占比重	备注
5	控制功能是否实现	手动方式,单按钮启停,反转点动; MDA 方式,M 指令实现启停; 自动方式,循环启动键启动排屑器,循环停止键按下时,延时后排屑器停止; 急停和复位时,排屑器停止。	35	
		各工作状态时,相应的指示灯点亮。	7	
		过载时,排屑器停止,并报警。	8	

6.2 数控机床自动上下料装置控制

6.2.1 项目教学目的

(1) 熟悉数控机床自动上下料装置的工作原理和组成;

(2) 掌握数控机床自动上下料装置的硬件控制电路设计;

(3) 熟悉数控机床自动上下料装置控制过程中的主要信号及其作用;

(4) 熟悉数控机床自动上下料装置的控制时序;

(5) 掌握数控机床自动上下料装置 PLC 控制程序的设计方法;

(6) 掌握数控机床自动上下料装置 PLC 控制程序的调试方法和步骤。

6.2.2 项目背景知识

由于工业自动化的全面发展和科学技术的不断进步,工作效率的提高迫在眉睫。单纯的手工操作已满足不了工业自动化的要求,因此,必须利用先进的自动化设备取代人的劳动,满足工业自动化的需求。目前,我国大多数工厂的生产线上数控机床装卸工件仍由人工完成,其劳动强度大、生产效率低,而且具有一定的危险性,已经满足不了生产自动化的发展趋势。在机械行业中,机械手得到越来越广泛的应用,常用的有关节式和桁架式,见图 6.10和 6.11,它们可用于零部件的组装,加工工件的搬运、装卸,特别是在柔性制造单元、柔性制造系统、自动化生产线上的使用更为普遍。目前,机械手已成为柔性制造系统 FMS 和柔性制造单元 FMC 中的一个重要组成部分。机械手的使用可以简化工件输送装置,结构紧凑,适应性强。目前我国的工业机械手技术及其工程应用的水平和国外相比还有一定的距离,应用规模和产业化水平低,机械手的研究和开发直接影响到我国机械行业自动化生产水平的提高,从经济上、技术上考虑都是十分必要的。

(1) 上下料装置的发展现状和趋势

① 机械结构向模块化、可重构化发展。

② 工业机械手控制系统向基于 PC 机的开放型控制器方向发展,便于标准化、网络化;器件集成度提高,结构小巧,且采用模块化结构,大大提高了系统的可靠性、易操作性,且维修方便。

③ 机械手中的传感器的作用日益重要,除采用传统的位置、速度、加速度等传感器外,还引进了视觉、听觉、触觉传感器,使其向智能化方向发展。

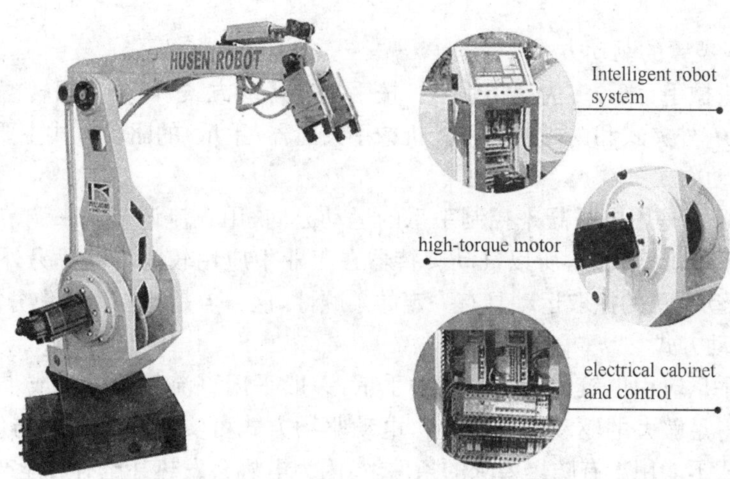

图 6.10　关节式上下料机械手

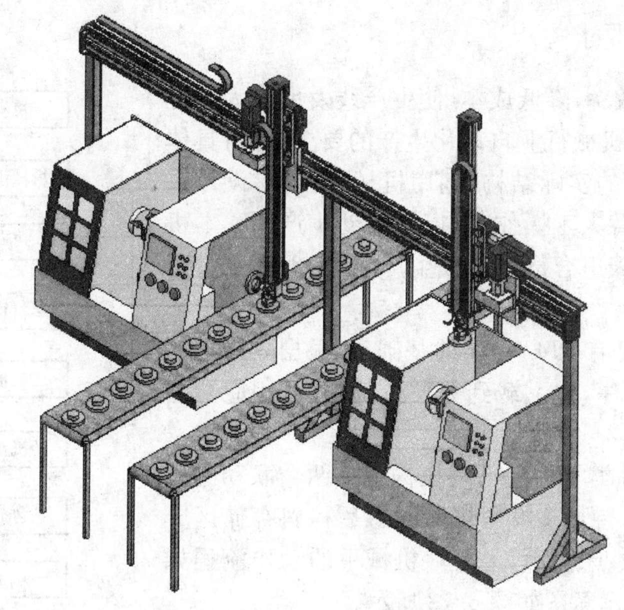

图 6.11　桁架式上下料机械手

④ 关节式、侧喷式、顶喷式、龙门式喷涂机械手产品的标准化、通用化、模块化、系列化设计；柔性仿形喷涂机械手开发，柔性仿形复合机构开发，仿形伺服轴轨迹规划研究，控制系统开发。

⑤ 焊接、搬运、装配、切割等作业的工业机械手产品的标准化、通用化、模块化、系列化研究；以及离线示教编程和系统动态仿真。

总的来说，发展趋势大体有两个方向：其一是机械手的智能化，多传感器、多控制器，先进的控制算法，复杂的机电控制系统；其二是与生产加工相联系，在性价比高、满足工作要求的基础上，追求系统的经济、简洁、可靠，大量采用工业控制器，以及市场化、模块化的元件。

(2) 上下料装置的驱动方式

一般工业机械手手爪,多为双指手爪。按手指的运动方式,可分为回转型和移动型;按夹持方式来分,有外夹式和内撑式两种。机械手夹持器(手爪)的驱动方式主要有三种

① 气动驱动方式

这种驱动系统是用电磁阀来控制手爪的运动方向,用气流调节阀来调节其运动速度。由于气动驱动系统价格较低,所以气动夹持器在工业中应用较为普遍。另外,由于气体的可压缩性,使气动手爪的抓取运动具有一定的柔顺性,这一点是抓取动作十分需要的。

② 电动驱动方式

电动驱动手爪应用也较为广泛。这种手爪,一般采用直流伺服电机或步进电机,并需要减速器以获得足够大的驱动力和力矩。电动驱动方式可实现手爪的力与位置控制。但是这种驱动方式不能用于有防爆要求的条件下,因为电机会发热甚至有可能产生火花。

③ 液压驱动方式

液压驱动方式是利用液压系统进行控制,传动刚度大,可实现连续位置控制。

6.2.3　项目要求

为了提高工作效率,降低成本,使生产线发展成为柔性制造系统,适应现代机械行业自动化生产的要求,针对具体生产工艺,结合机床的实际结构,利用机械手技术,设计一台上下料机械手代替人工操作,以提高劳动生产率。本机械手主要与数控机床组合最终形成生产线,实现加工过程的自动化和无人化。

在数控系统中已有 PLC 程序的基础上,根据具体任务要求,完成梯形图程序,并下载到数控系统中,对相应功能进行调试。

(1) 车削细长轴类零件上下料机构包括两个联动的机械手 A 和机械手 B,待加工棒料区和加工后棒料存储区分别位于机床后面和机床前面,上下料机械手的动作流程如图 6.12 所示。结构示意图如图 6.13 所示。

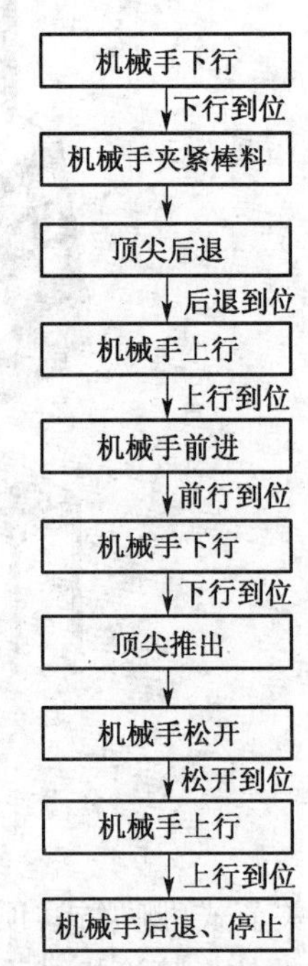

图 6.12　上下料机构动作流程图

(2) 加工结束后,自动启动上下料循环。上下料完成后,自动启动机床进行加工。

(3) 可用 M 指令实现各单步动作,也可用 M 指令启动自动上下料循环。

(4) 各动作均可通过按键在手动方式下实现单步控制,以方便设备的调试和特殊情况的处理。

(5) 各动作的到位信号通过传感器检测,送给 PLC 的输入接口,以保证各动作之间的安全可靠衔接。

(6) 紧急情况下,按急停按钮,上下料机械手停止。

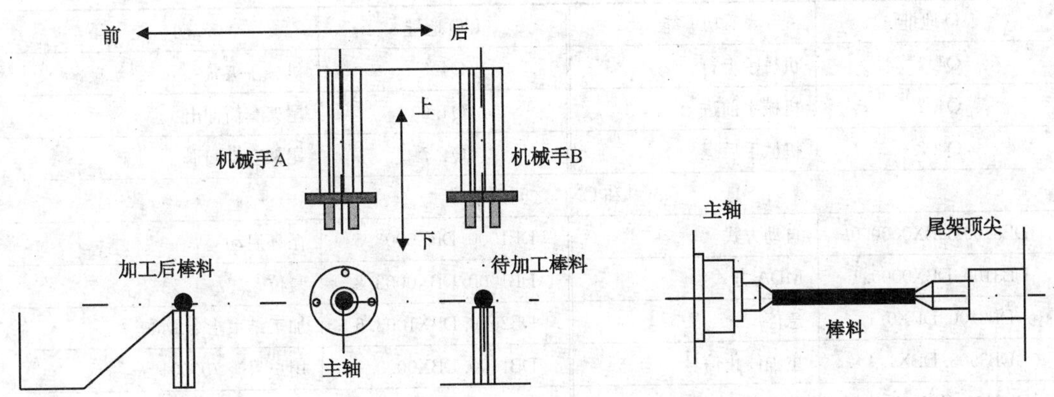

图 6.13　车削细长轴类零件上下料示意图

6.2.4　项目实施步骤

(1) 任务分析及方案设计

驱动装置：机械手所要实现的几个动作，其起点和终点均为固定位置，因此可以通过压缩空气驱动汽缸实现动作。尾架的动作也采用汽缸驱动。

检测装置：机械手及尾架各工作步骤的动作是否到位，采用行程开关检测，将信号送到 PLC 的输入模块。

工作方式：自动方式下，在加工程序中，使用 M40 指令启动上下料自动循环；手动方式下，使用 8 个按键分别实现机械手的上下运动，前后运动，松开夹紧，尾架的前进和后退。MDA 方式下，各动作可以使用 M41－M48 八个 M 指令分别进行控制。任何工作方式下，按下急停按钮，机械手停止。

(2) 控制系统设计

① 接口信号(见表 6.5)

表 6.5　自动上料装置 I/O 信号表

I/O 地址	功　能	I/O 地址	功　能
I6.0	机械手下行按键	I7.0	下行到位
I6.1	机械手上行按键	I7.1	上行到位
I6.2	机械手前行按键	I7.2	前行到位
I6.3	机械手后退按键	I7.3	后退到位
I6.4	机械手松开按键	I7.4	松开到位
I6.5	机械手夹紧按键	I7.5	夹紧到位
I6.6	尾架套筒伸出按键	I7.6	套筒伸出到位
I6.7	尾架套筒回退按键	I7.7	套筒回退到位
Q4.0	机械手下行	Q4.4	机械手松开

续表 6.5

I/O 地址	功　能	I/O 地址	功　能
Q4.1	机械手上行	Q4.5	机械手夹紧
Q4.2	机械手前进	Q4.6	尾架套筒伸出
Q4.3	机械手后退	Q4.7	尾架套筒回退
和 CNC 之间的信号			
DB3100.DBX0000.0	自动方式	DB1000.DBX0003.5	循环启动
DB3100.DBX0000.1	MDA 方式	DB1000.DBX0003.3	复位
DB2700.DBX0.1	急停	DB2500.DBX1003.6	加工结束指令 M30
DB3903.DBX1.4	主轴停止信号	DB1600.DBX0000.1	用户报警 700001
DB3100.DBX0000.2	手动方式	DB2500.DBX1005.0	上下料自动循环 M40
DB2500.DBX1005.1	机械手下行 M41	DB2500.DBX1005.2	机械手上行 M42
DB2500.DBX1005.3	机械手前行 M43	DB2500.DBX1005.4	机械手后退 M44
DB2500.DBX1005.5	机械手松开 M45	DB2500.DBX1005.6	机械手夹紧 M46
DB2500.DBX1005.7	尾架套筒伸出 M47	DB2500.DBX1006.0	尾架套筒回退 M48

② 控制系统电路设计

上下料装置的各动作由气缸驱动实现，电磁阀控制气路中压缩空气的流动方向，从而控制气缸的动作方向，实现上下料装置的不同动作。因此，控制电路的主要作用是根据指令或输入信号的不同，控制各电磁换向阀的动作，从而实现上下料装置的自动控制。

图 6.14 中 YV_1 - YV_8 为电磁换向阀的线圈，其额定工作电压为交流 220 V，变压器将交流 380 V 电压转换为交流 220 V 输出，给电磁换向阀线圈供电。电磁换向阀线圈是否通电，取决于 KA_1 - KA_8 各控制继电器常开触点的状态。控制继电器的线圈是否通电，由 PLC 输出信号 Q4.0～Q4.7 的状态决定，如图 6.15 所示。图中 SB_1 - SB_8 为上下自动料装置各动作的手动控制按键，SQ_1 ～SQ_8 为各动作的到位检测行程开关，具体功能的对应关系见表 6.5。通过 808D 的分布式输入输出接口 X302，将自动上下料装置所需要的输入信号和输出信号，送给数控系统内置的 PLC，输入输出信号均使用 24 V 直流电源。

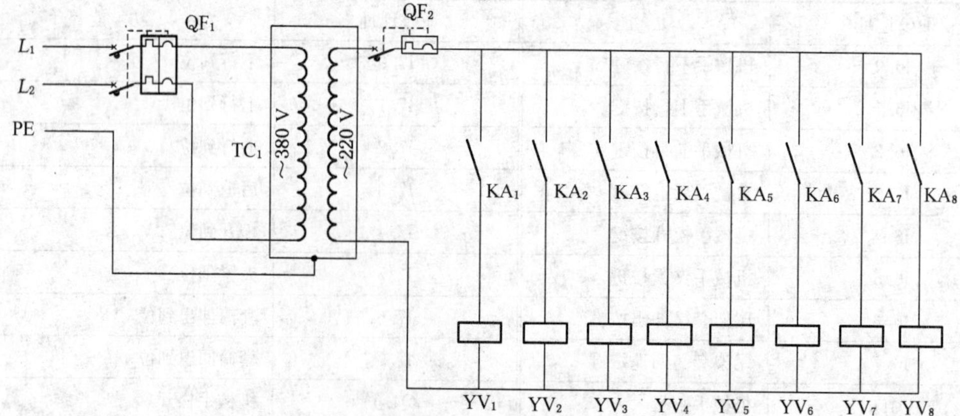

图 6.14　自动上料装置控制电路

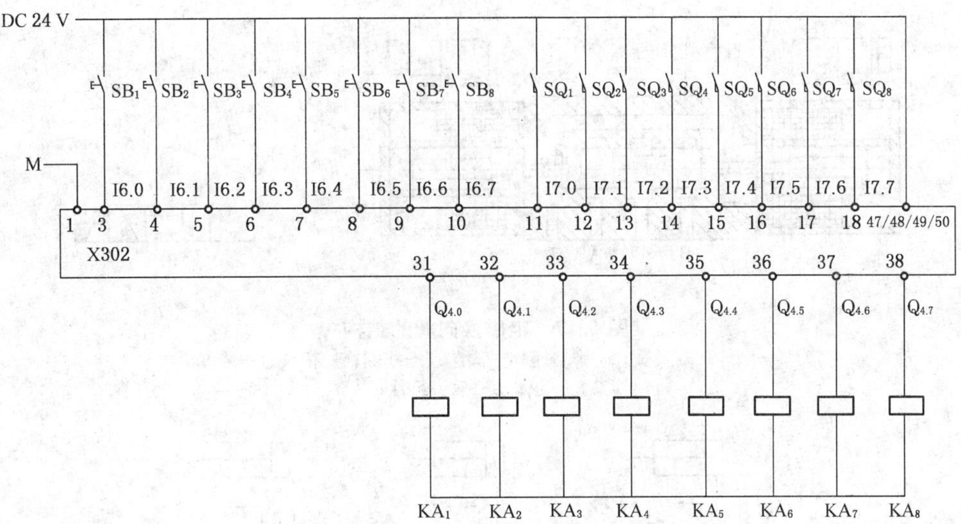

图 6.15　自动上料装置 I/O 电路

③ 元器件选型

图 6.14 和图 6.15 电路中所用到的元器件，包括断路器、变压器、继电器、电磁换向阀、按钮、行程开关等。部分元器件的工作原理和选型原则可参考本单元的项目一，这里重点对电磁换向阀(见图 6.16)及其选型进行介绍。

图 6.16　电磁换向阀

a. 电磁换向阀的原理和作用

电磁换向阀内部有密闭的腔，在不同位置开有通孔，每个孔连接不同的气管，腔的中间是活塞，左右两侧或一侧有电磁铁和线圈，哪一侧的线圈通电，阀体就会被吸引到哪一边，通过控制阀体的移动来开启或关闭不同的排气孔，而进气孔是常开的，压缩空气就会进入不同的排气管，通过空气的压力来推动气缸的活塞和活塞杆运动，从而驱动机械装置。这样通过控制电磁阀线圈的电流就控制了机械运动的方向。如图 6.17 和图 6.18 所示。

电磁换向阀按其工作位置数和通路数的多少可分为二位三通、二位四通、三位四通等。接口是指阀上压缩空气的进、出口，进气口通常标为 P，排气口则标为 R 或 T，出气口则以 A、B 来表示。阀内阀芯可移动的位置数称为切换位置数，通常将接口称为“通”，将阀芯的位置称为“位”。因此，按其工作位置数和通路数的多少可分为二位三通、二位四通、三位四通等。按其复位和定位形式可分为弹簧复位式、钢球定位式、无复位弹簧式；按其阀体与电磁铁的连接形式可分为法兰连接和螺纹连接；按其所配电磁铁的结构形式可分为干式和湿式，每一类又有交流、直流等形式，而且所需电源电压又有好多种，因而在其结构上存在很多差别。

随着机电一体化技术在工业设备中的应用日益广泛，一台设备不再是少数基础元器件

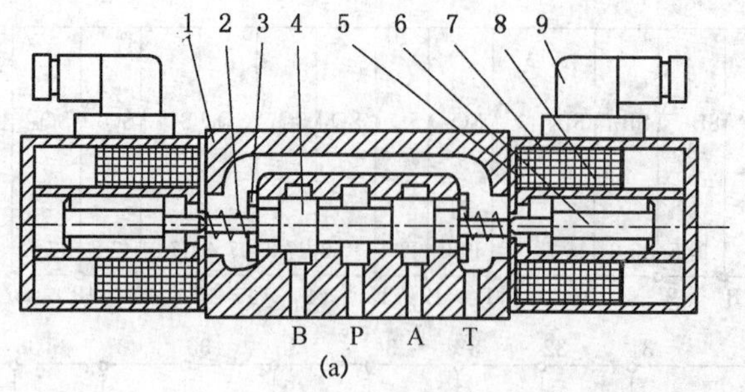

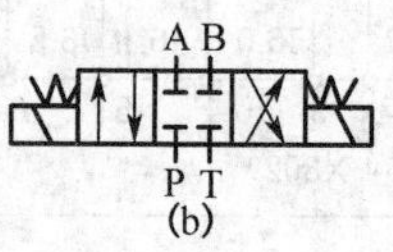

图 6.17　电磁换向阀的结构

1—阀体;2—弹簧;3—弹簧座;4—阀芯;5—线圈;6—衔铁;7—隔套;
8—壳体;9—插头组件

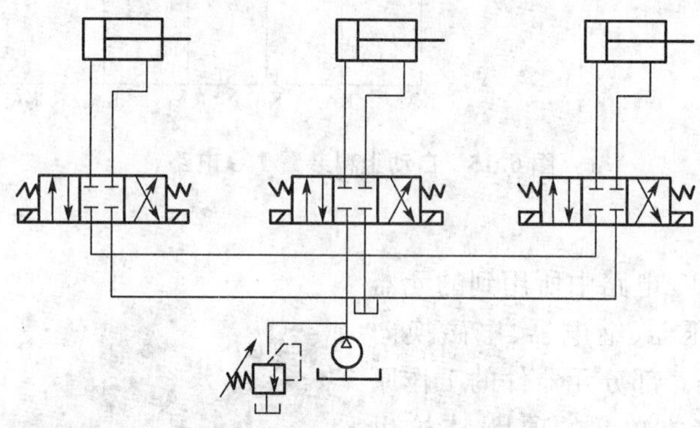

图 6.18　电磁换向阀的应用

的简单叠加,而是个包含实现驱动、控制、检测、显示和传输等功能的大量机械或电子元器件的组合体。因此,设备中必然存在大量的信息流和能量流,由此也就引出了接口问题。阀岛就是把多个电磁阀的进气口和排气口集成在一个口上,工作口单独引出的若干个阀组成,有的把电气也集成在一起,采取总线控制,PLC 的输出控制信号、输入信号均通过一根带多针插头的多股电缆或总线与阀岛相连,而由传感器输出的信号则通过电缆连接到阀岛的电信号输入口上。因此,PLC 与电磁阀、传感器输入信号之间的接口简化为只有一个多针插头和一根多股电缆或者总线,使得应用更加方便。阀岛如图 6.19 所示。

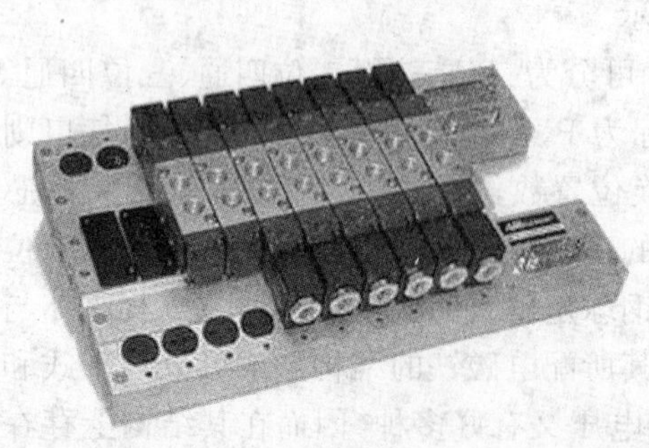
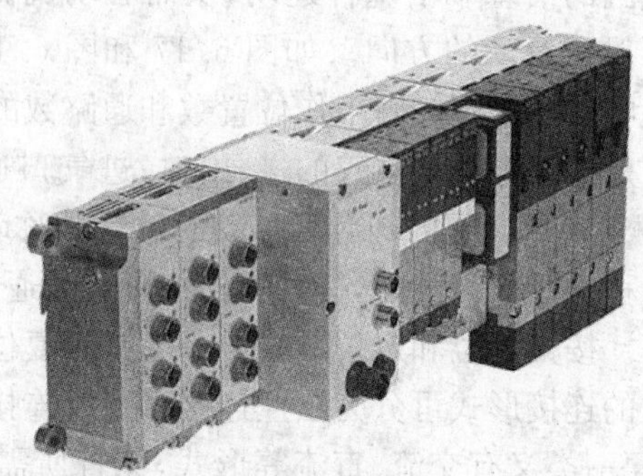

图 6.19　阀岛

b. 电磁换向阀的选型

电磁换向阀的选型遵循以下原则：

适用性：管路中的流体必须和选用的电磁阀系列型号中标定的介质一致，流体的温度必须小于选用电磁阀的标定温度。流体清洁度不高时应在电磁阀前安装过滤器，一般电磁阀对介质要求清洁度要高。注意流量孔径和接管口径；电磁阀一般只有开关两位控制；注意环境温度对电磁阀的影响。电源电流和消耗功率应根据输出容量选取，电源电压一般允许±10%左右。

可靠性：电磁阀分为常闭和常开两种；一般选用常闭型，通电打开，断电关闭；但在开启时间很长、关闭时间很短时要选用常开型。

安全性：一般电磁阀不防水，在条件不允许时请选用防水型。电磁阀的最高标定公称压力一定要超过管路内的最高压力，否则使用寿命会缩短或产生其他意外情况。有腐蚀性气体或液体的应选用全不锈钢型。爆炸性环境必须选用相应的防爆产品。

经济性：有很多电磁阀可以通用，但在能满足以上三点的基础上应选用最经济的产品。

自动上下料装置的元器件选型清单如表 6.6 所示。

表 6.6　自动上料装置元器件清单

序号	元器件名称	文字符号	型号	规格	数量(个)
1	断路器	QF2	DZ47-60	2P,3A	1
2	断路器	QF3	DZ47-60	1P,3A	1
3	控制变压器	TC	JBK5-800VA	380V/220V	1
4	开关电源		S-150-24V	输入 AC220V	1
5	继电器+底座	KA1-KA8	HH52P	DC24V	8
6	按钮	SB1-SB8		DC24V 绿色	8
7	行程开关	SQ1-SQ4	D4N1120	DC24V 1NO 1NC	4
8	微动开关	SQ5-SQ8		DC24V 1NO 1NC	4
9	电磁阀	YV1-YV8	4V330-06C	双电三位五通、中位封闭　AC220V	8
10	导线		BVR 0.75 mm^2	红色	
11	导线		BVR 0.5 mm^2	蓝色	
12	导线		BVR 2.5 mm^2	黄绿色	
13	多芯电缆		AVVR　6 * 0.3 mm^2		
14	冷压端子		UT0.75		20
15	冷压端子		E7506		50
16	冷压端子		E0506		100
17	冷压端子		E0306		50
18	冷压端子		OT2.5		4
19	螺栓和螺母		M3 * 20		10

④ PLC 程序设计

根据自动上下料装置的控制要求,采用模块化的程序程序设计方法,完成 PLC 程序设计。将自动上下料装置控制子程序分成三个功能模块,分别实现自动方式、手动方式和 MDA 方式下的控制。程序结构如图 6.20 所示。

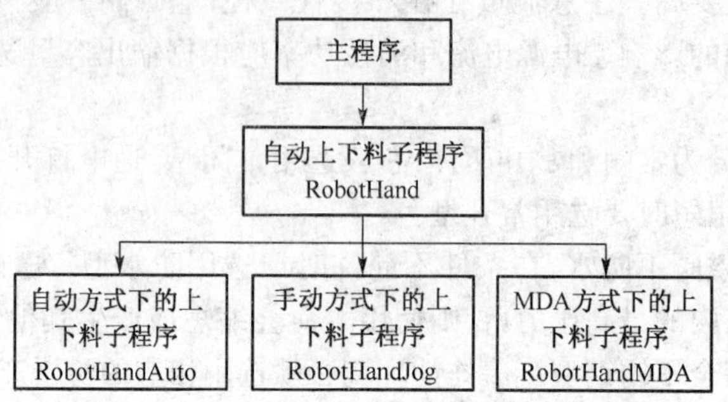

图 6.20　自动上下料装置 PLC 程序结构图

在 Programing Tool 环境下编制梯形图程序,为了便于程序的阅读和理解,程序应有相应的注释和符号表,对各子程序、网络及变量的功能进行注释。在此给出主程序、RobotHand 子程序和 RobotHandAuto 子程序的梯形图。各子程序使用局部变量实现与主程序分配的输入输出变量之间的对接。

a. 主程序

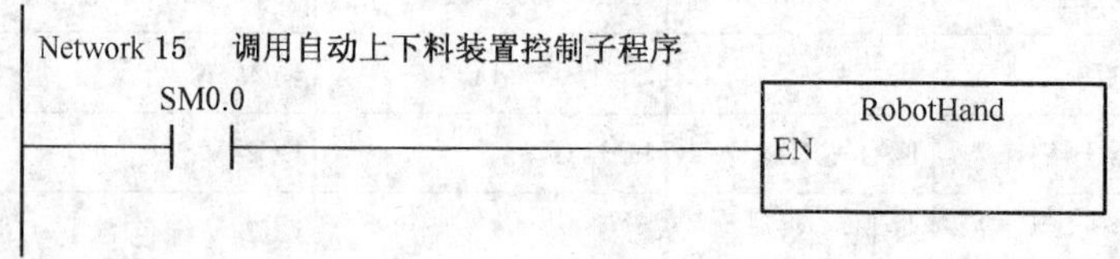

b. RobotHand 子程序

该子程序由主程序调用,将上下料装置的控制分成自动、手动和 MDA 三个功能模块,每个工作方式设置相应的使能标志位,M255.4 为自动方式的使能标志位,M255.5 为手动方式的使能标志位,M255.6 为 MDA 方式的使能标志位。程序根据使能标志位的不同,分别调用相应的子程序。

Network 1　自动工作方式、主轴停止、M40指令，标志位M255.4为1.

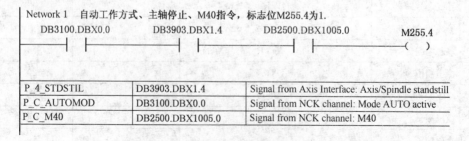

DB3100.DBX0.0　DB3903.DBX1.4　DB2500.DBX1005.0　M255.4

P_4_STDSTIL	DB3903.DBX1.4	Signal from Axis Interface: Axis/Spindle standstill
P_C_AUTOMOD	DB3100.DBX0.0	Signal from NCK channel: Mode AUTO active
P_C_M40	DB2500.DBX1005.0	Signal from NCK channel: M40

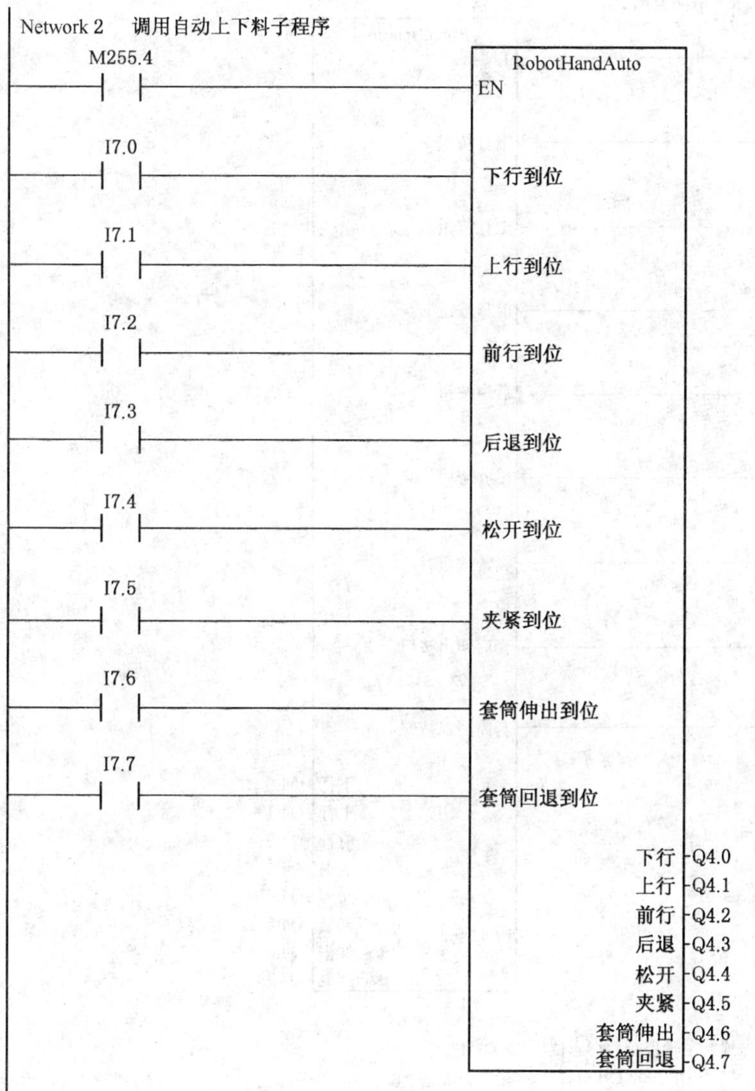

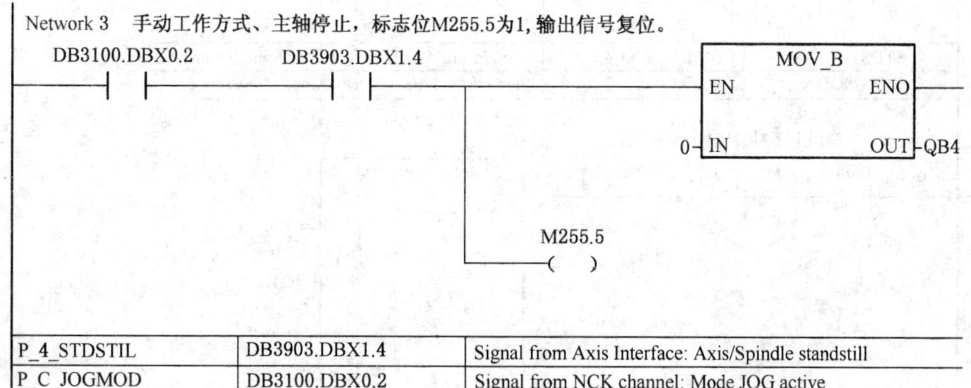

P_4_STDSTIL	DB3903.DBX1.4	Signal from Axis Interface: Axis/Spindle standstill
P_C_JOGMOD	DB3100.DBX0.2	Signal from NCK channel: Mode JOG active

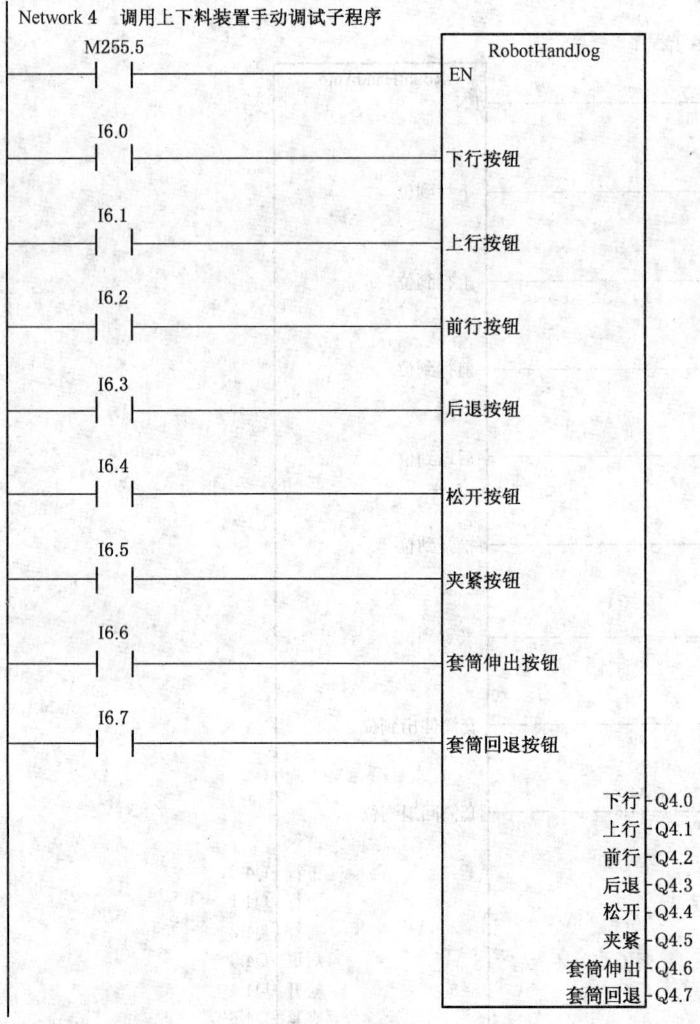

P_4_STDSTIL	DB3903.DBX1.4	Signal from Axis Interface: Axis/Spindle standstill
P_C_MDAMOD	DB3903.DBX1.1	Signal from NCK channel: Mode MDA active

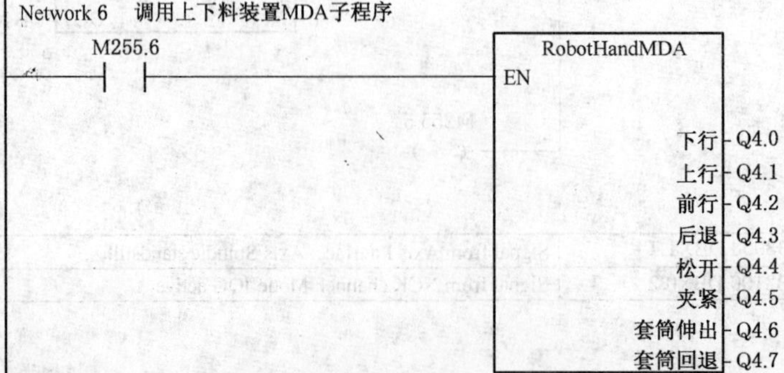

c. RobotHandAuto 子程序

该子程序实现自动工作方式下，上下料的自动循环控制。主轴停止后，通过 M40 指令启动下料、上料循环，下料、上料循环结束后，通过 NC 启动信号自动启动下一个零件的加工。上下料装置的各工步之间由行程开关的信号确认动作是否完成，以保证设备运行的安全性。该子程序用到的局部变量如表 6.7 所示。

表 6.7　RobotHandAuto 子程序定义的局部变量

编　号	Name	Var Type	Data Type	Comment
L0.0	下行到位	IN	BOOL	机械手下行到位的行程开关信号
L0.1	上行到位	IN	BOOL	机械手上行到位的行程开关信号
L0.3	后退到位	IN	BOOL	机械手后退到位的行程开关信号
L0.4	松开到位	IN	BOOL	机械手松开到位的行程开关信号
L0.5	夹紧到位	IN	BOOL	机械手夹紧到位的行程开关信号
L0.6	套筒伸出到位	IN	BOOL	套筒伸出到位的行程开关信号
L0.7	套筒回退到位	IN	BOOL	套筒回退到位的行程开关信号
L1.0	下行	OUT	BOOL	机械手下行的输出信号
L1.1	上行	OUT	BOOL	机械手上行的输出信号
L1.2	前行	OUT	BOOL	机械手前行的输出信号
L1.3	后退	OUT	BOOL	机械手后退的输出信号
L1.4	松开	OUT	BOOL	机械手松开的输出信号
L1.5	夹紧	OUT	BOOL	机械手夹紧的输出信号
L1.6	套筒伸出	OUT	BOOL	套筒伸出的输出信号
L1.7	套筒回退	OUT	BOOL	套筒回退的输出信号

网络 1：根据机械手的不同位置，由不同位置行程开关的到位信号设置了四个标志位，M254.0 为机械手前上位的标志位，M254.1 为机械手前下位的标志位，M254.2 为机械手后上位的标志位，M254.3 为机械手后下位的标志位。

该子程序的网络 2 到网络 11，根据机械手的不同位置以及手爪和套筒的不同状态，决定下一步的输出信号状态，从而控制上下料装置按照预订的流程实现自动循环。由于各工步的动作由气缸驱动实现，电磁换向阀采用了双线圈的三位阀，每个换向阀由两个输出信号分别控制两个线圈的通电和断电。

网络 12：在一个循环结束后，通过对 NC 启动信号的处理，开启加工程序的执行。

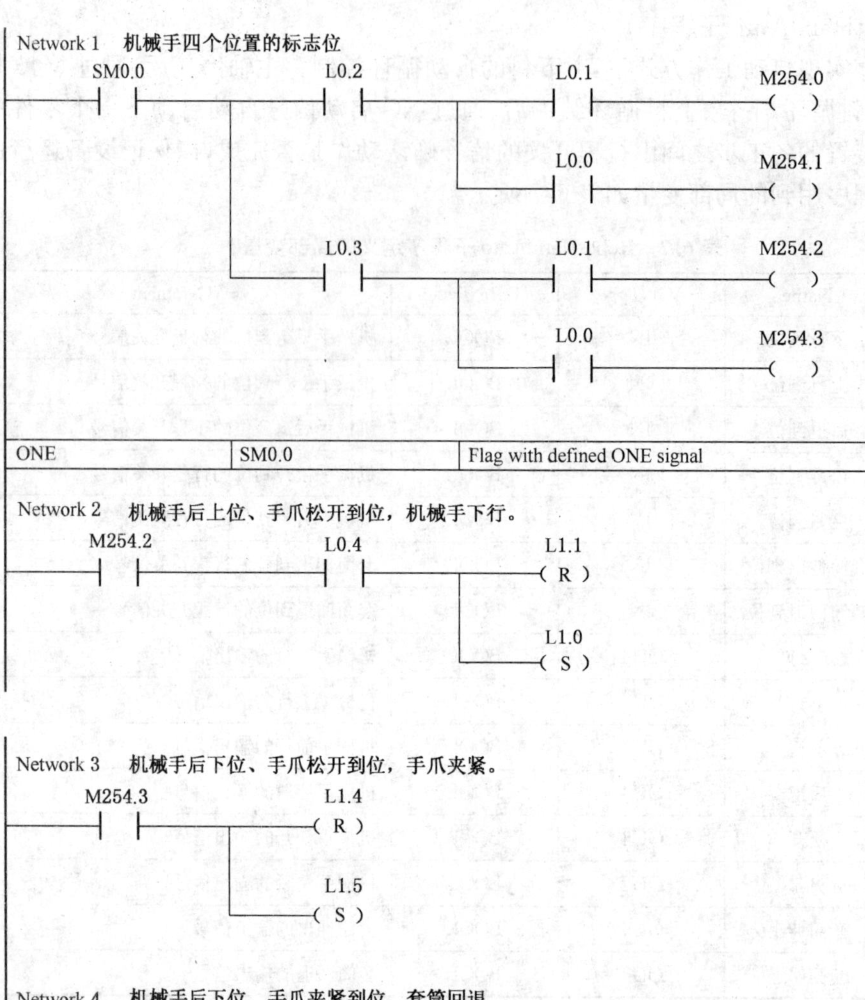
Network 1　机械手四个位置的标志位
SM0.0
L0.2
L0.1
M254.0
L0.0
M254.1
L0.3
L0.1
M254.2
L0.0
M254.3
ONE
SM0.0
Flag with defined ONE signal
Network 2　机械手后上位、手爪松开到位，机械手下行。
M254.2
L0.4
L1.1
R
L1.0
S
Network 3　机械手后下位、手爪松开到位，手爪夹紧。
M254.3
L1.4
R
L1.5
S

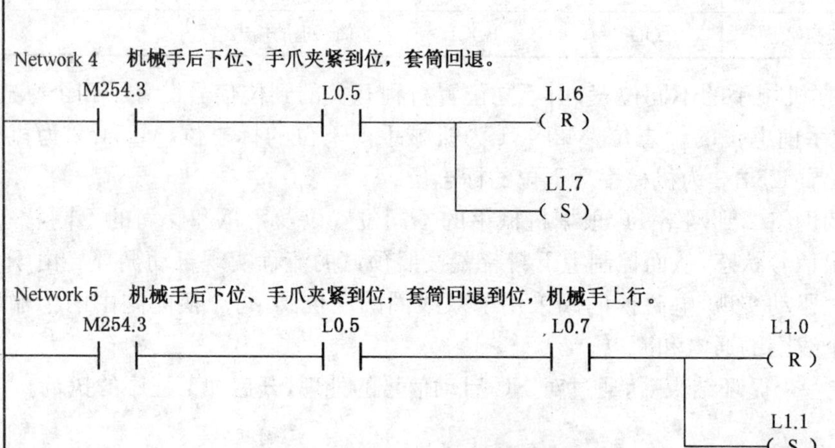
Network 4　机械手后下位、手爪夹紧到位，套筒回退。
M254.3
L0.5
L1.6
R
L1.7
S
Network 5　机械手后下位、手爪夹紧到位，套筒回退到位，机械手上行。
M254.3
L0.5
L0.7
L1.0
R
L1.1
S

Network 6　机械手后上位、夹紧到位，机械手前行。

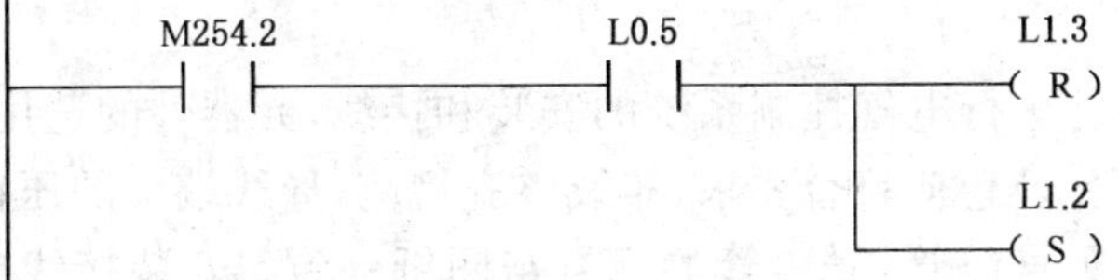

M254.2　L0.5　L1.3 (R)　L1.2 (S)

Network 7　机械手前上位、套筒回退到位，机械手下行。

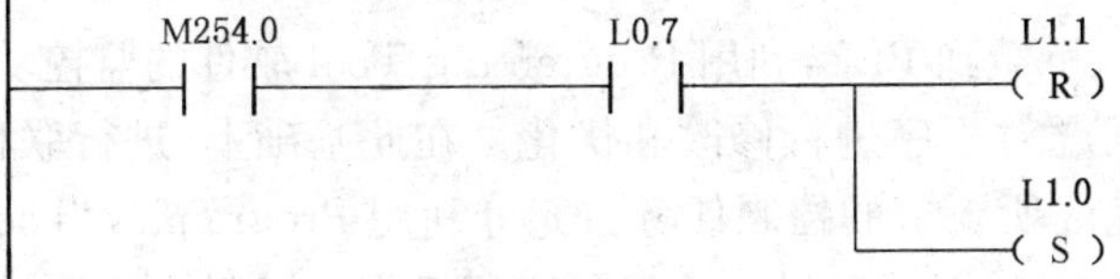

M254.0　L0.7　L1.1 (R)　L1.0 (S)

Network 8　机械手前下位、套筒伸出。

M254.1　L1.7 (R)　L1.6 (S)

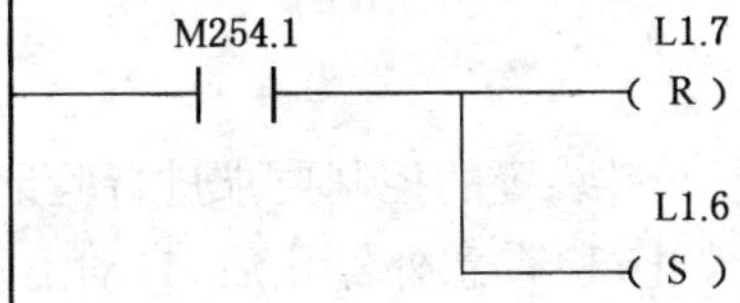

Network 9　机械手前下位，套筒伸出到位、机械手松开。

M254.1　L0.6　L1.5 (R)　L1.4 (S)

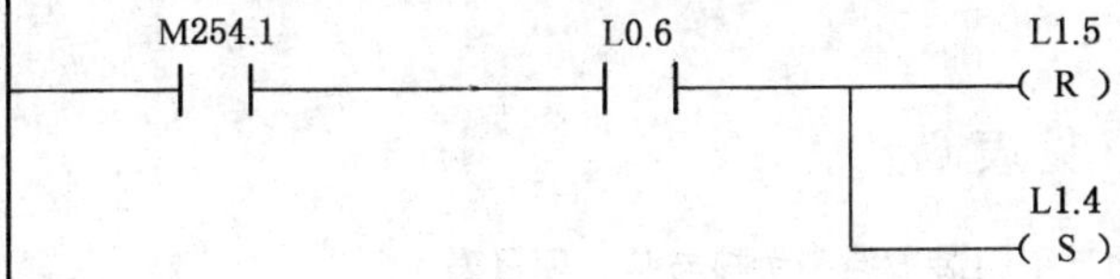

Network 10　机械手前下位，套筒伸出到位、机械手松开到位，机械手上行。

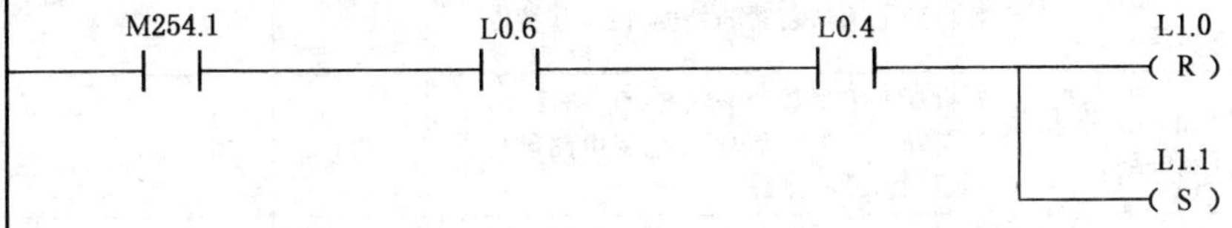

M254.1　L0.6　L0.4　L1.0 (R)　L1.1 (S)

Network 11　机械手前上位，套筒伸出状态，机械手后退。

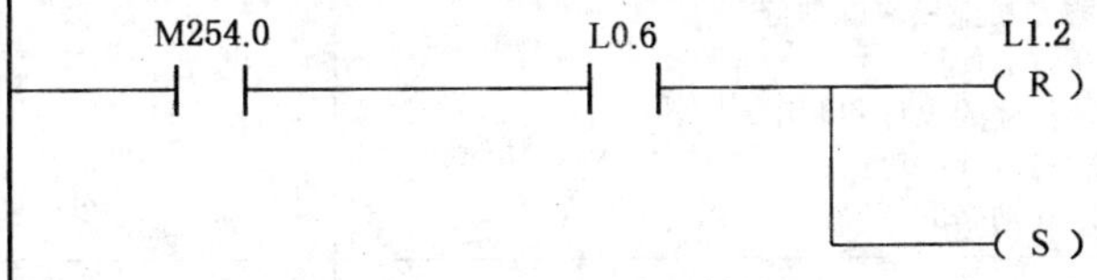

M254.0　L0.6　L1.2 (R)　(S)

Network 12　套筒伸出到位、机械手后退到位信号的上升沿，启动加工。

L0.6　L0.3　P　DB3200.DBX7.1 ( )

N_C_START	DB3200.DBX7.1	Signal to NCK channel: NC START activate

(3) 安装调试

① 控制电路的安装

根据电气原理图正确选用元器件进行电气控制系统的安装和接线,元器件的选用、安装、连接应与图纸要求一致,导线线径、颜色应符合要求;布线整齐规范,导线端头的压接应牢固、可靠;导线与元器件连接处使用号码管,号码管的标号与图纸一致。安装接线完成后,使用万用表等工具对电气线路进行认真检查,确保安装接线正确无误。

② PLC 程序的下载和调试

将编写好的 PLC 程序进行编译、下载到 PLC,利用 Programing Tool 软件的监控功能,进行初步的逻辑调试,针对存在的问题对程序进行修改和优化。在此基础上,进行联机调试,检验排屑器控制系统是否能够完成所要求的控制任务。充分利用 Programing Tool 软件的监控功能,观察系统的运行状况,对于调试过程中的问题应积极查阅资料,也可以通过讨论找出问题的根源及解决的方法。对调试过程中遇到的问题、现象以及解决的方法应详细认真记录。

③ 功能验证

分别在手动方式、MDA 方式和自动方式下对自动上下料装置的控制要求进行验证;检查急停或复位键按下时,自动上下料装置是否能够立即停止;检查意外停止后,自动上下料动作是否能够重新正常启动。如果不能实现某个功能,应该检查电源、电路接线、元器件选则、PLC 程序等是否正确,通过必要的分析、检查和测量确定原因并进行修改和排除,最终实现自动上下料装置的控制要求。

6.2.5 项目的考核与验收(见表 6.8)

表 6.8 自动上下料装置控制考核与验收项目表

序号	考核内容	考核要求	所占比重	备注
1	数控机床自动上下料装置的基本知识	自动上下料装置的种类、性能和特点;	5	
2	数控机床自动上下料装置电气控制电路	自动上下料装置电气控制电路设计; 自动上下料装置电气控制电路硬件故障的诊断和排除;	20	
3	数控机床自动上下料装置接口信号	接口信号的作用;接口信号的使用;	5	
4	数控机床自动上下料装置 PLC 控制程序的设计	PLC 程序功能模块的划分; 局部变量的使用; 参数子程序的设计和调用; 符号表的设计和使用; 对程序和网络的注释;	20	
5	数控机床自动上下料装置的功能实现	上下料自动循环功能; 各工步动作之间的衔接; 手动按键实现各工步的动作; M 指令实现各工步的动作;	40	
		上下料过程中意外情况的控制和处理。	10	

附录

附录 1　PLC 用户接口

附录 1.1　地址范围

地址识别符	说　明	范　围
DB[1]	数据	DB1000 到 DB7999 DB9900 到 DB9906
T	时间	T0～T15(100 ms) T16～T63(10 ms)
C	计数器	C0～C63
I	数字量输入映像	I0.0～I8.7
Q	数字量输出映像	Q0.0～Q5.7
M	标志	M0.0～M255.7
SM	特殊状态存储器	SM0.0 到 SM0.6(见后面的表格一特殊存储器的位定义)
AC	ACCU	AC0 到 AC3

1) 在使用 PLC Programming Tool 编写程序时，可以使用组合键 Ctrl+B 在 DB 和 VB 之间切换。

DB 变量地址的结构

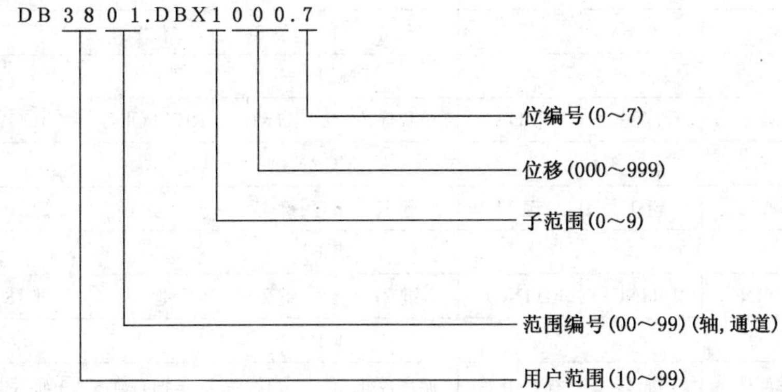

存取	示例	说明	VB 格式→DB 格式(示例)
位	DB3801. DB×1000. 7	轴 2 子范围 1 中的补偿为 0 用户,范围为 38 的字节的位 7	V3801 1000. 7→DB3801. DB×1000. 7
字节	DB3801. DBB0	轴的子范围 0 中的补偿为 0,用户范围为 38 的字节	VB3801 0000→DB3801. DBB0
字	DB4500. DBW2	在子范围 0 中的补偿 2,范围 0,用户范围 45 条件下工作	VW3801 0002→DB3801. DBW2
双字	DB2500. DBD3004	子范围 3,范围 0,用户范围 25 中的补偿 4 的双字	VD2500 4000→DB2500. DBD4000

说明:地址所允许的补偿与存取有关:

- 位或字节存取:任意补偿。
  字节大小变量无缝地一个挨一个地放置于 DB 中。
- 字存取:补偿必须被 2 整除。
  字大小变量(2 个字节)始终保存于纵向补偿上。
- 双字存取:补偿必须被 4 整除。
  双字大小变量(4 个字节)始终保存于被 4 整除的补偿上。

附表　特殊位存储器的定义

特殊标志位	说明
SM0. 0	定义了一个信号的位存储器
SM0. 1	初始化脉冲:第一个 PLC 周期为'1',随后为'0'
SM0. 2	缓冲数据丢失-只有第一个 PLC 周期有效 ('0'—数据正常,'1'—数据丢失)
SM0. 3	上电后进 RUN 方式;第一个 PLC 周期为'1',随后为'0'
SM0. 4	60 s 脉冲(交替变化:30 s 为'0',然后 30 s 为'1')
SM0. 5	1 s 脉冲(交替变化:0. 5 s 为'0',然后 0. 5 s 为'1')
SM0. 6	PLC 周期循环(交替变化:一个周期为'0',一个周期为'1')

附录 1. 2　MCP

DB1000	来自 MCP[r]							
字节	位 7	位 6	位 5	位 4	位 3	位 2	位 1	位 0
	MCP							
DBB0	M01	程序测试	MDA	单程序段	自动	REF POINT	JOG	手轮
	MCP							
DBB1	键 16	键 15	键 14	键 13	键 12	键 11	键 10	ROV
	MCP							
DBB2	100(INC)	10(INC)	1(INC)	键 21	键 20	键 19	键 18	键 17
	MCP							
DBB3	键 32	键 31	循环开始	循环停止	复位	主轴右旋	主轴停止	主轴左旋
	MCP							
DBB4		键 39	键 38	键 37	键 36	RAPID	键 34	键 33

续表

DB1000	来自 MCP[r]							
字节	位 7	位 6	位 5	位 4	位 3	位 2	位 1	位 0
	MCP							
DBB5								
	MCP							
DBB6								
	MCP							
DBB7								
	进给倍率值(格雷码)							
DBB8								
	进给倍率值(格雷码)							
DBB9								
	MCP							
DBB10								

DB1100	去向 MCP[r/w]							
字节	位 7	位 6	位 5	位 4	位 3	位 2	位 1	位 0
DBB0	MCP							
	LED8	LED7	LED6	LED5	LED4	LED3	LED2	LED1
…	…							
DBB7	MCP							
			LED30	LED29	LED28	LED27	LED26	LED5
DBB8	7 SEG LED1							
…	…							
DBB11	7 SEG LED4							
	MCP							
DBB12	MCP							
							DP2	DP1

DG1200	读取/写入 NC 数据[r/w] PLC 到 NCK 接口							
字节	位 7	位 6	位 5	位 4	位 3	位 2	位 1	位 0
0							写入变量	启动
1	变量数目							

DG1200.1207	读取/写入 NC 数据[r/w] PLC 到 NCK 的接口							
字节	位 7	位 6	位 5	位 4	位 3	位 2	位 1	位 0
1000	变量索引							
1001	区域编号							
1002	NCK 变量 χ 的列索引(字)							
1003	NCK 变量 χ 的行索引(字)							
1008	写入:数据至 NCK 变量 χ(变量的数据类型:1 到 4 个字节)							

DB1200	读取/写入 NC 数据[r] PLC 到 NCK 的接口							
字节	位 7	位 6	位 5	位 4	位 3	位 2	位 1	位 0
2000							任务出错	任务完成

DB1200.1207	读取/写入 NC 数据[r] PLC 到 NCK 的接口							
字节	位 7	位 6	位 5	位 4	位 3	位 2	位 1	位 0
3000							出错	有效变量
3001	存取结果[1]							
3004	读取:数据从 NCK 变量 χ(变量的数据类型:1 到 4 个字节)							

1) 0:无错;3:非法存取对象;5:无效地址;10:对象不存在

DB1200	PI 服务[r/w] PLC 到 NCK 的接口							
字节	位 7	位 6	位 5	位 4	位 3	位 2	位 1	位 0
4000								启动
4001	PI 索引							
4004	PI 参数 1							
4006	PI 参数 2							
…	…							
4022	PI 参数 10							

DB1200	读取/写入 NC 数据[r] PLC 到 NCK 的接口							
字节	位 7	位 6	位 5	位 4	位 3	位 2	位 1	位 0
5000							任务出错	任务完成
5001								
5002								

附录 1.3　断电保持数据区

DB1400	断电保持数据[r/w]							
字节	位 7	位 6	位 5	位 4	位 3	位 2	位 1	位 0
	用户数据							
0 … 127								

附录 1.4　用户报警

DB1600	激活报警[r/w] PLC 到 HMI 的接口							
字节	位 7	位 6	位 5	位 4	位 3	位 2	位 1	位 0
0	激活报警号							
	700007	700006	700005	700004	700003	700002	700001	700000
…	…							
15	激活报警号							
	700127	700126	700125	700124	700123	700122	700121	700120

DB1600	用户报警变量[r32/w32] PLC 到 HMI 的接口							
字节	位 7	位 6	位 5	位 4	位 3	位 2	位 1	位 0
DBD1000	报警 700000 的变量							
DBD1004	报警 700001 的变量							
…	…							
DBD1508	报警 700127 的变量							

DB1600	用户报警变量[r] PLC 到 HMI 的接口							
字节	位 7	位 6	位 5	位 4	位 3	位 2	位 1	位 0
2000	上电响应	以 DB1600DB X3000.0 响应		PLC 停止	急停	进给率禁止 (所有轴)	读入禁止	禁止 NC 启动

DB1600	用户报警变量[r/w] PLC 到 HMI 的接口							
字节	位 7	位 6	位 5	位 4	位 3	位 2	位 1	位 0
3000								响应

附录 1.5　轴/主轴信号

DB3700…3703	M/S 功能[r] NCK 到 PLC 的接口							
字节	位 7	位 6	位 5	位 4	位 3	位 2	位 1	位 0
0	用于主轴的 M 功能(DINT)							
4	用于主轴的 S 功能(REAL)							

DB3800…3803	去向进给轴/主轴的信号[r/w] PLC 到 NCK 的接口							
字节	位 7	位 6	位 5	位 4	位 3	位 2	位 1	位 0
0	进给修调							
	H	G	F	E	D	C	B	A
1	修调有效	位置编码器 2	位置编码器 1	跟踪运行	轴/主轴禁用	固定点停止传感器	响应到达固定点停止	
2	参考点值				灭紧运行	剩余行程/主轴复位	调节器使能	
	4	3	2	1				
3	程序测试轴/主轴使能	速率/主轴速度极限	激活固定进给率				运行到固定挡块使能	
			进给轴 4	进给轴 3	进给轴 2	进给轴 1		
4	移动键		快速进给修调	移动键锁定	进给停止/主轴停止	激活手轮		
	+	−					2	1
5	机床功能1)							
		连续运行	变量 INC	1000INC	1000INC	100INC	10INC	1INC
7								轮廓手轮旋转方向反转
9						参数设置,伺服		
						C	B	A

注:机床功能仅当"INC 输入端在操作模式信号范围内有效"(DB2600.DBX1.0)设置时才有效。

DB3800…3803	去向坐标轴的信号[r/w] PLC 到 NCK 的接口							
字节	位 7	位 6	位 5	位 4	位 3	位 2	位 1	位 0
1000	延迟返回参考点			模数限制已使能	软限位开关		硬限位开关	
					+	−	+	−
1002							激活程序测试	抵制程序测试

DB3800…3803	去向坐标轴的信号[r/w] PLC 到 NCK 的接口							
字节	位 7	位 6	位 5	位 4	位 3	位 2	位 1	位 0
2000	删除 S 值	齿轮箱切换时没有转速监控	主轴重新同步		变速箱已换档	实际齿轮级		
			2	1		C	B	A
2001		M3/M4 反向		定位时重新同步				主轴进给修调有效
2002	设定旋转方向		摆动速度	PLC 控制摆动				
	逆时针	顺时针						
2003	主轴修调							
	H	G	F	E	D	C	B	A

DB3800…3803	去向进给轴/主轴的信号[r/w] PLC 到 NCK 的接口							
字节	位 7	位 6	位 5	位 4	位 3	位 2	位 1	位 0
4000			抱闸					
4001	Enable Pulses	积分器禁止速度控制器	电机已选择					

DB3800…3803	去向进给轴/主轴的信号[r/w] PLC 到 NCK 的接口							
字节	位 7	位 6	位 5	位 4	位 3	位 2	位 1	位 0
5000	主/从开启			扭矩均等控制器开启				
5003								
5005			禁止自动同步					
5006(主轴)				定位主轴	自动更改齿轮级	设定旋转方向		主轴停止
						逆时针	顺时针	

DG3900. 3903	来自坐标轴/主轴的信号[r] NCK 到 PLC 的接口							
字节	位 7	位 6	位 5	位 4	位 3	位 2	位 1	位 0
0	位置到达		回参考点		编码器极限频率超越			主轴/无进给轴
	精准停	粗准停	同步 2	同步 1	2	1		
1	当前控制器有效	速度控制器有效	位置控制器有效	轴/主轴停止($n<n_{min}$)	跟踪激活	轴运行就绪	AxAlarm	运行请求
2		限制固定挡块的力	到达固定挡块	运行到固定挡块激活	测量有效		手轮叠加有效	

续表

DG3900…3903	来自坐标轴/主轴的信号[r] NCK 到 PLC 的接口							
字节	位 7	位 6	位 5	位 4	位 3	位 2	位 1	位 0
3						AxStop 有效		
4	移动命令		运行请求			手轮有效(位/二进制编码)		
	+	−	+	−			2	1
5	激活电机功能							
		连续	变量 INC	10000 INC	1000 INC	100 INC	10 INC	1 INC
7								轮廓手轮旋转方向反转
9						参数设置,伺服		
						C	B	A
11	PLC 轴已经固定分配		POS_RESTO					
			RED1	RED2				

DB3900…3903	来自坐标轴的信号[r] NCK 到 PLC 的接口							
字节	位 7	位 6	位 5	位 4	位 3	位 2	位 1	位 0
1000				模数限制已使能有效				
1001								
1002	回转轴就位	分度轴就位	定位轴	轨迹轴				润滑脉冲
1003								

DB3900…3903	来自主轴的信号[r] NCK 到 PLC 的接口							
字节	位 7	位 6	位 5	位 4	位 3	位 2	位 1	位 0
2000					变速换档	额定齿轮级		
						C	B	A
2001	实际旋转方向顺时针	速度监测	主轴在给定值范围	超出支撑区域极限	几何监控	设定值		超出速度限值
						提高	受限	
2002	有效的主轴方式				刚性攻丝		GWPS 有效	恒定剪切速度有效
	控制方式	摆动方式	定位方式	同步方式				
2003		主轴就位						具备动态限制功能的刀具

DB3900…3903	来自坐标轴/主轴的信号[r] NCK 到 PLC 的接口						
字节	位7	位6	位5	位4	位3	位2	位1	位0
4000			抱闸打开	RLI 有效				
4001	脉冲使能	速度控制器积分器禁止	驱动就绪					
4002		$nact = n_{额定}$	$n_{实际} < n_x$	$n_{实际} < n_{min}$	$M_d < M_d x$	加速过程结束		
4003					发生器运行，下降到最小速度以下			VDClink<报警阈值

DB3900…3903	来自坐标轴/主轴的信号[r] NCK 到 PLC 的接口							
字节	位7	位6	位5	位4	位3	位2	位1	位0
5000								
5002	ESR 已响应	已达到加速度报警阈值	已达到速度报警阈值	已叠加的运动		实际值耦合	同步操作	
							粗准停	精准停
5003		已达到最大加速度	已达到最大速度	同步运行	轴加速	同步修调运行		
5007								同步修调计入
5008(磨光)	激活特殊轴							
			轴6	轴5	轴4	轴3	轴2	轴1

附录1.6 PLC机床数据

DB4500	来自 NCK 的信号[r16] NCK 到 PLC 的接口							
字节	位7	位6	位5	位4	位3	位2	位1	位0
0 … 62	整型值(字/2 byte)							

DB4500	来自 NCK 的信号[r8] NCK 到 PLC 的接口							
字节	位7	位6	位5	位4	位3	位2	位1	位0
1000 … 1031	十六进制值(BYTE)							

DB4500	来自 NCK 的信号[r8] NCK 到 PLC 的接口							
字节	位 7	位 6	位 5	位 4	位 3	位 2	位 1	位 0
2000 … 2028	浮点值(REAL/4－byte)							

DB4500	来自 NCK 的信号[r8] NCK 到 PLC 的接口							
字节	位 7	位 6	位 5	位 4	位 3	位 2	位 1	位 0
3000 … 3247	报警响应/报警清除条件 700000 … 报警响应/报警清除条件 700247							

附录 1.7 来自/去向 HMI 的信号

DB1700	信号,HMI[r/w] HMI 到 PLC 的接口							
字节	位 7	位 6	位 5	位 4	位 3	位 2	位 1	位 0
0		空运行进给率已选择	M01 已选择		DRF 已选择			
1	程序测试已选择				快速移动进给率修调已选择			
2								已选择跳跃程序段
3	在 JOG 方式下测量有效	测量值计算未完成						
7	复位				NC 停止		NC 启动	

DB1700	程序选择[r/w] PLC 到 HMI 的接口							
字节	位 7	位 6	位 5	位 4	位 3	位 2	位 1	位 0
1000	从 PLC 选择程序:程序号							
1001	从 PLC 执行指令任务:指令							
1002								
1003								

DB1700	程序选择[r] HMI到PLC的接口							
字节	位7	位6	位5	位4	位3	位2	位1	位0
2000							程序选择错误	程序已选择
2001							指令执行错误	执行指令
2002								
2003								

DB1800	来自HMI的信号[r] HMI到PLC的接口(信号仅为PLC循环所用)							
字节	位7	位6	位5	位4	位3	位2	位1	位0
0	复位	JOG模式下启动测量				JOG	MDI模式	AUTO
1						当前机床功能		
						REF		

DB1800	来自PLC的信号[r]							
字节	位7	位6	位5	位4	位3	位2	位1	位0
1000		调试存档已读入					用保存的数据引导启动	使用缺省值引导启动
1004	PLC循环(单位:μs)[DINT]							
1008	年:十位,BCD				年:个位,BCD			
1009	月:十位,BCD				月:个位,BCD			
1010	日:十位,BCD				日:个位,BCD			
1011	小时:十位,BCD				小时:个位,BCD			
1012	分:十位,BCD				分:个位,BCD			
1013	秒:十位,BCD				秒:个位,BCD			
1014	毫秒:十位,BCD				毫秒:个位,BCD			
1015	毫秒:十位,BCD				星期,BCD{1,2…7}(1=星期日)			

DB1800	取消[r/w]							
字节	位7	位6	位5	位4	位3	位2	位1	位0
2000	取消8	取消7	取消6	取消5	取消4	取消3	取消2	取消1
…	…							
取消32	取消31	取消30	取消29	取消28	取消27	取消26	取消25	

DB1800	取消[r/w]							
字节	位7	位6	位5	位4	位3	位2	位1	位0
4000	应答8	应答7	应答6	应答5	应答4	应答3	应答2	应答1
…	…							
4003	应答32	应答31	应答30	应答29	应答28	应答27	应答26	应答25

DB1800	取消[r/w]							
字节	位7	位6	位5	位4	位3	位2	位1	位0
5000	应答8	应答7	应答6	应答5	应答4	应答3	应答2	应答1
…	…							
5003	应答32	应答31	应答30	应答29	应答28	应答27	应答26	应答25

DB1800	警告/报警[r]							
字节	位7	位6	位5	位4	位3	位2	位1	位0
3000	报警8	报警7	报警6	报警5	报警4	报警3	报警2	报警1
…	…							
3003	报警32	报警31	报警30	报警29	报警28	报警27	报警26	报警25

DB1900	来自操作面板的信号[r/w] HMI到PLC的接口							
字节	位7	位6	位5	位4	位3	位2	位1	位0
0	机床/工件切换	模拟有效						

DB1900	来自HMI的信号[r/w] HMI到PLC的接口							
字节	位7	位6	位5	位4	位3	位2	位1	位0
1003						用于手轮1控制的轴号		
	机床轴	手轮已选择	轮廓手轮			C	B	A
1004						用于手轮2控制的轴号		
	机床轴	手轮已选择	轮廓手轮			C	B	A

DB1900	来自HMI的信号[r/w] PLC到HMI的接口							
字节	位7	位6	位5	位4	位3	位2	位1	位0
5000						OP关键程序段		
5002								JOG模式下使能测量
5004 … 5007	JOG模式下刀具测量的T号(DINT)							
5008 … 5011								
5012 … 5015								

续表

DB1900	来自 HMI 的信号[r/w] PLC 到 HMI 的接口							
字节	位 7	位 6	位 5	位 4	位 3	位 2	位 1	位 0
5016 … 5019								

附录 1.8 来自 NC 通道的辅助功能传输

DB2500	来自 NCK 通道的辅助功能[r] NCK 到 PLC 的接口							
字节	位 7	位 6	位 5	位 4	位 3	位 2	位 1	位 0
4				M 功能给 5 改变	M 功能给 4 改变	M 功能给 3 改变	M 功能给 2 改变	M 功能给 1 改变
6								S 功能组 1 改变
8								T 功能组 1 改变
10								D 功能组 1 改变
12						H 功能组 3 改变	H 功能组 2 改变	H 功能组 1 改变

DB2500	来自 NCK 通道的 M 功能[r][1) 2)] NCK 到 PLC 的接口							
字节	位 7	位 6	位 5	位 4	位 3	位 2	位 1	位 0
1000	动态 M 功能							
	M7	M6	M5	M4	M3	M2	M1	M0
…	…							
1012	动态 M 功能							
					M99	M98	M97	M96

DB2500	来自 NCK 通道的 t 功能[r] NCK 到 PLC 的接口							
字节	位 7	位 6	位 5	位 4	位 3	位 2	位 1	位 0
2000	T 功能 1(DINT)							

DB2500	来自 NCK 通道的 M 功能[r] NCK 到 PLC 的接口							
字节	位 7	位 6	位 5	位 4	位 3	位 2	位 1	位 0
3000	M 功能 1(DINT)							
3004	M 功能 1 的扩展地址(字节)							
3008	M 功能 2(DINT)							
3012	M 功能 2 的扩展地址(字节)							
3016	M 功能 3(DINT)							
3020	M 功能 3 的扩展地址(字节)							
3024	M 功能 4(DINT)							
3028	M 功能 4 的扩展地址(字节)							
3032	M 功能 5(DINT)							
3036	M 功能 5 的扩展地址(字节)							

DB2500	来自 NCK 通道的 S 功能[r] NCK 到 PLC 的接口							
字节	位 7	位 6	位 5	位 4	位 3	位 2	位 1	位 0
4000	S 功能 1(REAL)(DINT)							
4004	S 功能 1 的扩展地址(字节)							
4008	S 功能 2(REAL)(DINT)							
4012	S 功能 2 的扩展地址(字节)							

DB2500	来自 NCK 通道的 D 功能[r] NCK 到 PLC 的接口							
字节	位 7	位 6	位 5	位 4	位 3	位 2	位 1	位 0
5000	D 功能 1(DINT)							

DB2500	来自 NCK 通道的上 H 功能[r] NCK 到 PLC 的接口							
字节	位 7	位 6	位 5	位 4	位 3	位 2	位 1	位 0
6000	H 功能 1(DINT)							
6004	H 功能 1 的扩展地址(字节)							
6008	H 功能 2(DINT)							
6012	H 功能 2 的扩展地址(字节)							
6016	H 功能 3(DINT)							
6020	H 功能 3 的扩展地址(字节)							

附录1.9 NCK信号

DB2600	去向 NCK 的一般信号[r/w] PLC 到 NCK 的接口							
字节	位7	位6	位5	位4	位3	位2	位1	位0
0	保护等级 按键开关位置0到3					急停响应	急停响应	急停时在轮廓上制动
	4	5	6	7				
1						轴剩余行程的请求	轴实际值的要求	INC输入对运行方式有效[1)

DB2700	来自 NCK 的一般信号[r/w] NCK 到 PLC 的接口							
字节	位7	位6	位5	位4	位3	位2	位1	位0
0							急停有效	
1	英寸尺寸系统						探头激活	
							探头2	探头1
2	NC就绪	驱动就绪	驱动器处于循环方式中					
3		气温报警						NCK报警有效
12	更改手轮1运动的计数器							
13	更改手轮2运动的计数器							
15	更改计数器,英制/公制测量系统							

DB2800	快速输入和输出的信号[r/w] PLC 到 NCK 的接口							
字节	位7	位6	位5	位4	位3	位2	位1	位0
0	程序段数字 NCK 输入							
						输入3	输入2	输入1
1	来自 PLC 用于 NCK 输入的值							
						输入3	输入2	输入1
4	程序段数字 NCK 输出							
								输出1
5	用于 NCK 输出端的覆盖屏幕窗口							
								输出1
6	来自 PLC 用于 NCK 输出的值							
								输出1
7	用于 NCK 输出端的预置屏幕窗口							
								输出1

DB2800	快速输入和输出的信号[r/w] PLC 到 NCK 的接口							
字节	位 7	位 6	位 5	位 4	位 3	位 2	位 1	位 0
1000	程序段外部数字 NCK 输入							
1001	来自 PLC 用于外部数字 NCK 输入的值							
1008	程序段外部数字 NCK 输出							
1009	用于外部数字 NCK 输出端的覆盖屏幕窗口							
1010	来自 PLC 用于外部数字 NCK 输入的值							
1011	用于外部 NCK 输出端的预置屏幕窗口							

DB2900	来自快速输入和输出的信号[r] PLC 到 NCK 的接口							
字节	位 7	位 6	位 5	位 4	位 3	位 2	位 1	位 0
0	数字 NCK 输入的实际值							
						输入 3	输入 2	输入 1
4	数字 NCK 输出的设定值							
								输出 1

DB2900	来自快速输入和输出的信号[r] NCK 到 PLC 的接口							
字节	位 7	位 6	位 5	位 4	位 3	位 2	位 1	位 0
1000	外部数字 NCK 输入的实际值							
						输入 3	输入 2	输入 1
1004	外部数字 NCK 输出的 NCK 设定值							
								输出 1

DB3000	去向 NCK 的运行方式信号[r/w] PLC 到 NCK 的接口							
字节	位 7	位 6	位 5	位 4	位 3	位 2	位 1	位 0
0	复位			运行方式更改程序段		运行方式		
						JOG	MDA	自动

续表

DB3000	去向 NCK 的运行方式信号[r/w] PLC 到 NCK 的接口							
字节	位 7	位 6	位 5	位 4	位 3	位 2	位 1	位 0
1	单程序段					机床功能		
	类型 A	类型 B				REF		TEACH IN
2	机床功能[1]							
		连续运行	变量 INC	10000INC	1000INC	100INC	10INC	1INC
3								

1) 为了可以使用在 DB3000. DBB2 中的机床功能信号，将信号"INC 输入对操作方式有效"(DB2600. DBX1. 0)设为"1"。

DB3100	来自 NCK 的运行方式信号[r] NCK 到 PLC 的接口							
字节	位 7	位 6	位 5	位 4	位 3	位 2	位 1	位 0
0	复位				808—就绪	运行方式		
						JOG	MDA	自动
1						激活电机功能		
						REF		TEACH IN
2	机床功能							
		连续运行激活	变量 INC 激活	10000INC 激活	1000INC 激活	100INC 激活	10INC 激活	1INC 激活

附录 1.10　通道信号

DB3200	去向 NCK 通道的信号[r/w] PLC 到 NCK 的接口							
字节	位 7	位 6	位 5	位 4	位 3	位 2	位 1	位 0
0		使能空运行进给	使能 M01	单程序段激活	DRF 激活	激活向前运行	激活向后运行	
1	激活程序测试						使能保护区域	回参考点激活
2	激活程序段跳转							
	7	6	5	4	3	2	1	0
4	进给补偿							
	H	G	F	E	D	C	B	A
5	快速进给修调							
	H	G	F	E	D	C	B	A
6	进给补偿有效	快速进给修调有效	轨迹速度限制	程序级终止	删除子程序循环数	删除剩余行程	读入禁止	禁止进给

续表

DB3200	去向 NCK 通道的信号[r/w] PLC 到 NCK 的接口							
字节	位 7	位 6	位 5	位 4	位 3	位 2	位 1	位 0
7			抑制启动锁住	NC 停止进给轴和主轴	NC 停止	程序结束 NC 停止	NC 启动	禁止 NC 启动
8	激活以机床为参照的保护区							
	区域 8	区域 7	区域 6	区域 5	区域 4	区域 3	区域 2	区域 1
9	激活以机床为参照的保护区							
							区域 10	区域 9
10	激活通道专用的保护区							
	区域 5	区域 5	区域 5	区域 5	区域 5	区域 5	区域 5	区域 5
11	激活通道专用的保护区							
							区域 10	区域 9
13	刀具未禁用		取消工件计数器		激活固定进给率			
					进给轴 4	进给轴 3	进给轴 2	进给轴 1
14	换刀命令无效	JOG 循环	激活组合的 M01	负向模拟轮廓手轮	模拟轮廓手轮开	激活轮廓手轮(位/二进制编码)		
							手轮 1	手轮 2
15	激活程序段跳转 9	激活程序段跳转 8	反转轮廓手轮方向					
16								程序分支(GOTOS)控制

注:① 通过软键选择单程序段类型;
　② 31 位(格雷码)。

DB3200	去向 NCK 通道的信号[r/w] PLC 到 NCK 的接口							
字节	位 7	位 6	位 5	位 4	位 3	位 2	位 1	位 0
1000	几何轴 1(WCS 中的轴 1)							
	移动键		快速进给修调	移动键锁定	进给停止	激活手轮(位/二进制编码)1)		
	+	−					2	1
1001	几何轴 1(WCS 中的轴 1)机床功能2)							
		连续运行	变量 INC	10000INC	1000INC	100INC	10INC	1INC
1003								手轮旋转方向反转
1004	几何轴 2(WCS 中的轴 2)							
	移动键		快速进给修调	移动键锁定	进给停止	激活手轮(位/二进制编码)		
	+	−					2	1

续表

DB3200	去向 NCK 通道的信号[r/w] PLC 到 NCK 的接口							
字节	位 7	位 6	位 5	位 4	位 3	位 2	位 1	位 0
1005	几何轴 2(WCS 中的轴 2)机床功能							
		连续运行	变量 INC	10000INC	1000INC	100INC	10INC	1INC
1007								
								反转轮廓手轮方向
1008	几何轴 3(WCS 中的轴 3)							
	移动键		快速进给修调	移动键锁定	进给停止	激活手轮(位/二进制编码)		
	+	−					2	1
1009	几何轴 3(WCS 中的轴 3) 机床功能							
		连续运行	变量 INC	10000INC	1000INC	100INC	10INC	1INC
1011								反转轮廓手轮方向

注:1) 根据机床数据 $MD_HANDWH_VDI_REPRESENTATION,以位编码(=0)或二进制编码(=1)方式来表示手轮编号;

2) 机床功能:只有当未设置“INC 输入对操作方式有效”(DB2600DBX1.0)信号时,这种机床功能才有效。

DB3300	来自 NCK 通道的信号[r] NCK 到 PLC 的接口							
字节	位 7	位 6	位 5	位 4	位 3	位 2	位 1	位 0
0		最后动作程序段有效	M0/M1 激活	移动程序段有效	动作程序段有效	向前运行有效	向后运行有效	外部执行有效
1	程序测试有效		M2/M30 有效	程序段搜索有效	手轮叠加有效	旋转进给有效		同参考点有效
3	通道状态			程序状态				
	复位	中断	有效	终止	中断	停止	中断	运行
4	加工停止,NCK 报警	出现通道专用 NCK 报警	通道运行中		所有轴		请求停止	请求开始
					停动	回参考点		
5						轮廓手轮有效(位/二进制编码)		
7			反转轮廓手轮方向					未保证保护区域
8	预激活与机床相关的保护区域							
	区域 8	区域 7	区域 6	区域 5	区域 4	区域 3	区域 2	区域 1
9	预激活与机床相关的保护区域							
							区域 10	区域 9

续表

DB3300	来自 NCK 通道的信号[r] NCK 到 PLC 的接口							
字节	位 7	位 6	位 5	位 4	位 3	位 2	位 1	位 0
10	预激活通道专用的保护区域							
	区域 8	区域 7	区域 6	区域 5	区域 4	区域 3	区域 2	区域 1
11	预激活通道专用的保护区域							
							区域 10	区域 9
12	超出以机床为参照的保护区域							
	区域 8	区域 7	区域 6	区域 5	区域 4	区域 3	区域 2	区域 1
13	超出以机床为参照的保护区域							
							区域 10	区域 9
14	超出以机床为参照的保护区域							
	区域 8	区域 7	区域 6	区域 5	区域 4	区域 3	区域 2	区域 1
15	超出以机床为参照的保护区域							
							区域 10	区域 9

DB3300	来自 NCK 通道的信号[r] NCK 到 PLC 的接口							
字节	位 7	位 6	位 5	位 4	位 3	位 2	位 1	位 0
1000	几何轴 1							
	移动命令		运行请求			手轮有效(位/二进制编码)[1]		
	+	−	+	−			2	1
1001	几何轴 1 机床功能[2]							
		连续运行	变量 INC	10000INC	1000INC	100INC	10INC	1INC
1003								
								轮廓手轮旋转方向反转
1004	几何轴 2							
	运行指令		运行请求			手轮有效(位/二进制编码)		
	+	−	+	−			2	1
1005	几何轴 2 机床功能							
		连续运行	变量 INC	10000INC	1000INC	100INC	10INC	1INC
1007								
								轮廓手轮旋转方向反转
1008	几何轴 3							
	运行指令		运行请求			手轮有效(位/二进制编码)		
	+	−	+	−			2	1

续表

DB3300	来自 NCK 通道的信号[r] NCK 到 PLC 的接口							
字节	位 7	位 6	位 5	位 4	位 3	位 2	位 1	位 0
1009	几何轴 3 机床功能							
		连续运行	变量 INC	10000INC	1000INC	100INC	10INC	1INC
1011								轮廓手轮旋转方向反转

DB3300	来自 NCK 通道的信号[r] NCK 到 PLC 的接口							
字节	位 7	位 6	位 5	位 4	位 3	位 2	位 1	位 0
4000								G00 有效
4001			驱动测试运行请求				到达所需工件数量	外部编程语言有效
4002		空运行进给量有效	组合的 M01/M00 有效	STOP_DELAYED				ASUP 停止
4003	换刀命令无效	DELAY FST SUPPRE SS		DELAY FST				
4004	ProgEvent 显示							
				在程序段查找之后启动	引导启动	操作面板复位	零件程序结束	零件程序复位启动
4005		JOG 循环有效					停止条件	StopByCoⅡ危险
4006							ASUP 无效	ASUP 有效
4008	激活转换编号							
4009 … 4011	预留							

DB3500	来自 NCK 通道的 G 功能[r] NCK 到 PLC 的接口							
字节	位 7	位 6	位 5	位 4	位 3	位 2	位 1	位 0
0 … 63	激活组 1 的 G 功能(8 位整数) … 激活组 64 的 G 功能(8 位整数)							

附录 1.11 同步动作信号

DB4600	同步动作到通道的信号[r/w] PLC 到 HMI 的接口							
字节	位 7	位 6	位 5	位 4	位 3	位 2	位 1	位 0
0	取消下列 ID 的同步动作							
	ID8	ID7	ID6	ID5	ID4	ID3	ID2	ID1
1	取消下列 ID 的同步动作							
	ID16	ID15	ID14	ID13	ID12	ID11	ID10	ID9
2	取消下列 ID 的同步动作							
	ID24	ID23	ID22	ID21	ID20	ID19	ID18	ID17

DB4700	从通道同步动作的信号[r] NCK 到 PLC 的接口							
字节	位 7	位 6	位 5	位 4	位 3	位 2	位 1	位 0
0	可从 PLC 阻止下列 ID 的同步动作							
	ID8	ID7	ID6	ID5	ID4	ID3	ID2	ID1
1	可从 PLC 阻止下列 ID 的同步动作							
	ID16	ID15	ID14	ID13	ID12	ID11	ID10	ID9
2	可从 PLC 阻止下列 ID 的同步动作							
	ID24	ID23	ID22	ID21	ID20	ID19	ID18	ID17

DB4900	PLC 变量[r/w] PLC 接口							
字节	位 7	位 6	位 5	位 4	位 3	位 2	位 1	位 0
0 … 4095	补偿[0] … 补偿[4095]							

附录 1.12 坐标轴实际值和剩余行程

DB5700 … 5704	来自坐标轴/主轴的信号[r] NCK 到 PLC 的接口							
字节	位 7	位 6	位 5	位 4	位 3	位 2	位 1	位 0
0	坐标轴实际值(REAL)							
4	坐标轴的剩余行程(REAL)							

说明：

可以单独要求坐标轴的实际值和剩余行程：

- DB2600.DBX0001.1 坐标轴实际值要求；
- DB2600.DBX0001.2 坐标轴剩余路径要求。

如果设定了各自的要求，NCK 将该值传输给所有的坐标轴。

附录1.13 维护计划:操作界面

DB9903	初始数据表[r16]							
字节	位7	位6	位5	位4	位3	位2	位1	位0
0	时间间隔 1[h]							
2	首次警告时间 1[h]							
4	待输出的警告数目 1							
6	预留 1							
8	时间间隔 2[h]							
10	首次警告时间 2[h]							
11	待输出的警告数目 2							
14	预留 2							
…	…							
248	时间间隔 32[h]							
250	首次警告时间 32 [h]							
252	待输出的警告数目 32							
254	预留 32							

DB9904	实际数据表[r16]							
字节	位7	位6	位5	位4	位3	位2	位1	位0
0	时间间隔 1[h]							
2	待输出的警告数目 1							
4	预留_1 1							
6	预留_2 1							
8	时间间隔 2[h]							
10	待输出的警告数目 2							
11	预留_1 2							
14	预留_2 2							
…	…							
248	时间间隔 32[h]							
250	待输出的警告数目 32							
252	预留_1 32							
254	预留_2 32							

附录 1.14　控能用户界面

DB9906	控能							
字节	位 7	位 6	位 5	位 4	位 3	位 2	位 1	位 0
0	控制信号							
							预警限制的设定时间	节能属性立即生效
1	控制信号 (HMI 到 PLC)							
								节能属性立即生效
2	用于检查/测试节能属性的信号							
							PLC 用户信号	主机信号
3	预留							
4	状态信号							
							激活时间 T1 已达	节能属性有效
5	预留							
6	实际值:实际值 T1							
8	实际值:实际值 T2							
10	有效性,属性							
							禁止节能属性	节能属性已配置
11	状态条件(HMI 到 PLC)							
						屏幕更改	数据传输	操作面板
12	状态条件(HMI 到 PLC)							
								机床控制面板
13	状态条件(HMI 到 PLC)							
								复位状态下的 NC 通道 1
14								
15	状态条件 (HMI 到 PLC)							

续表

DB9906	控能						
字节	位 7	位 6	位 5	位 4	位 3	位 2	位 1	位 0
							PLC用户信号	主机信号
16	状态条件（HMI到PLC） 激活时间 T1							
18	状态条件（HMI到PLC） 激活时间 T2							

附录2　车床PLC样例程序的I/O分配表

输入信号地址	功能	输出信号地址	功能
X100		X200	
I0.0	急停	Q0.0	工作灯
I0.1	X+	Q0.1	
I0.2	X−	Q0.2	尾座前进
I0.3		Q0.3	尾座后退
I0.4		Q0.4	冷却泵
I0.5	Z+	Q0.5	润滑泵
I0.6	Z−	Q0.6	卡盘输出1
I0.7	X参考	Q0.7	卡盘输出2
X101		X201	
		Q1.0	刀架电机顺时针
I1.1	Z参考	Q1.1	刀架电机逆时针
I1.2	T1	Q1.2	预留用于其他刀架
I1.3	T2	Q1.3	预留用于其他刀架
I1.4	T3	Q1.4	齿轮换挡低
I1.5	T4	Q1.5	齿轮换挡高
I1.6	T5	Q1.6	
I1.7	T6	Q1.7	手持单元激活
X102			
I2.0	刀架电机过载		
I2.1	预留用于其他刀架		
I2.2			
I2.3	卡盘		
I2.4	冷却液位低		
I2.5	冷却过载		
I2.6	润滑液位低		
I2.7	润滑过载		

参 考 文 献

[1] 刘朝华.西门子数控系统调试与维护[M].北京:国防工业出版社,2010

[2] 邵泽强,黄娟.机械数控系统技能实训[M].北京:北京理工大学出版社,2006

[3] 王刚.数控机床调试、使用与维护[M].北京:化学工业出版社,2006

[4] 陈勇,耿亮.SINUMERIK 808D 数控系统安装与调试轻松入门[M].北京:机械工业出版社,2014

[5] 牛志斌.图解数控机床—西门子典型系统维修技巧[M].北京:机械工业出版社,2008

[6] 海心,马银忠,刘树青.西门子 PLC 开发入门与典型实例[M].北京:人民邮电出版社,2010

[7] 西门子(中国)有限公司.深入浅出西门子 S7－200PLC[M].北京:北京航空航天大学出版社,2007

[8] 西门子(中国)有限公司.SINUMERIK 808D 调试指南,2013

[9] 西门子(中国)有限公司.SINUMERIK 808D 功能手册,2013

[10] 西门子(中国)有限公司.SINUMERIK 808D 编程和操作手册,2013

[11] 西门子(中国)有限公司.SINUMERIK 808D PLC 子程序库说明,2013

[12] 西门子(中国)有限公司.SINUMERIK 808D 电气安装手册,2012